本书获国家自然科学基金"文化遗产保护视域下的城市空间整合机制研究"（51278416）、"宜居环境的整体建筑学研究"（51278108）及陕西省科学技术研究发展计划项目"唐大明宫遗址后续保护研究"（2011kw32）资助

建筑遗产与城市空间整合量化方法研究
——以西安市为例

QUANTITATIVE METHOD OF INTE-GRATION OF ARCHITECTURAL HER-ITAGE AND URBAN SPACE
——THE CASE OF XI'AN

竺剡瑶·著

U0242844

东南大学出版社
SOUTHEAST UNIVERSITY PRESS
南京·2014

内容简介

本书分析了在城市高速扩张的背景下城市空间出现的问题,指出可以通过建筑遗产与城市空间的进一步整合来优化城市空间。

本书的论述重点是城市空间整合度的量化途径与分析方法。阐述了如何运用depthmap软件和社会调查进行原始数据的收集和整理;如何计算各级因子数值和空间整合度值,以及如何进行纵向比较、静态分析与动态分析。并以西安市为例,选取了三个典型片区进行方法的运用演示和验证,揭示了片区内建筑遗产对城市空间的影响。最终归纳出一套量化的、分析和优化城市空间系统的方法。

关键词:建筑遗产、空间组群、整合、量化、空间句法

图书在版编目(CIP)数据

建筑遗产与城市空间整合量化方法研究:以西安市
为例/竺剡瑶著. —南京:东南大学出版社,2015.2
ISBN 978-7-5641-5432-5

Ⅰ. ①建… Ⅱ. ①竺… Ⅲ. ①建筑—文化遗产—保护
—研究②城市空间—整合—研究 Ⅳ. ①TU-87
②TU984.11

中国版本图书馆 CIP 数据核字(2014)第 309826 号

书 名:建筑遗产与城市空间整合量化方法研究——以西安市为例
作 者:竺剡瑶
责任编辑:张 莺
出版发行:东南大学出版社
社 址:南京市四牌楼 2 号 邮 编:210096
出 版 人:江建中
网 址:http://www.seupress.com
印 刷:南京玉河印刷厂
开 本:700 mm×1000 mm 1/16
印 张:16 字数:240 千字
版 次:2015 年 2 月第 1 版
印 次:2015 年 2 月第 1 次印刷
书 号:ISBN 978-7-5641-5432-5
定 价:48.00 元
经 销:全国各地新华书店
发行热线:025—83791830

序

　　本书作者是我的博士生，她在空间句法和建筑遗产保护领域里，广泛阅读文献、收集资料、调研数据、潜心研究，努力在学科前沿上进行探索。这本书是她重要的研究成果，是将计算机统计计算引入到遗产保护领域的一本跨学科著作。

　　我认为本书的特点主要体现在以下几个方面：

　　首先，从空间组构的角度分析建筑遗产空间对城市空间的影响作用。本书运用空间组构理论将建筑遗产视为城市空间内部的一个子系统，对其影响作用进行分析，给建筑遗产对城市空间的作用过程和结果作出评价。这一研究，试图为建筑遗产再利用研究提供新的衡量标准，拓展了这一领域的研究角度和方法，并对建筑遗产与城市空间之间存在的矛盾与问题找出了更为深层的解答途径，有助于更为准确、合理的分析和解决问题。

　　空间句法一直被用来进行设计或规划方案的评测比较，以及对城市规划、区域规划提出参考建议，而空间整合研究也通常在定性层面展开。将空间句法运用于空间整合研究是本书的第二个特点，对空间整合提出了定量化的方法，更便于对空间的整合度进行标准化的评价，同时也开拓了空间句法的应用范围。

　　第三，利用建筑遗产空间来优化城市空间的整合度。对于建筑遗产的利用，我们通常考察其在空间功能、建筑风格以及艺术、历史、文化与经济、旅游方面的贡献作用，而不重视其对空间关系的作用。本书则通过考察建筑遗产空间的内外空间关系，提出可以利用建筑遗产对城市空间的整合度进行优化，为建筑遗产的价值提供了新的考察项，找出了建筑遗产对当代城市空间的另一个重要作用途径，而该作用也是建筑遗产空间的根本属性之一。

　　在建筑遗产保护的浪潮日渐高涨，而城市空间密度日益增高的今天，本书似乎为建筑遗产和城市空间的良性发展寻找到了一条新的途径，尤其为低投入、高回报的建设提供了一些可借鉴的方法。从我国的可持续发展上看，这一研究具有十分积极的意义。

　　本书行文流畅、言辞简洁，在科学严谨的文字中，透露出作者的人文情怀；在数字计算的背后，是作者对城市建设进一步人性化的关注和期待。

2014.9.26

目　录

第 1 章

绪　　论

1.1 研究的缘起和意义

1.1.1 我国城市空间的现状

随着经济快速发展,城市用地和人口规模快速扩张,我国的城市建设进入了一个前所未有的高峰期。截至 2006 年,全国城市总数为 661 个,城镇人口 5.77 亿,占全国总人口的43.9%,相比建国初期的 10.64%,已经有了很大的飞跃,而这个发展依然呈加速态势。在这一建设过程中,除了国家的发展规划外,各地区政府也都先后提出了针对各自城市的发展目标。在城市空间的营造上,从产业城市到休闲城市,从功能城市到文化城市、生态城市、花园城市也可谓是百家争鸣。从我国目前城市的发展趋势来看,主要有以下几个方面:

1) 城市空间结构的转型

改革开放政策使中国逐步实现了由计划经济体制向市场经济体制的转变,而经济体制的根本变革改变了城市原有的运作机制,对城市的发展产生了深刻的影响,并导致作为经济活动载体的城市空间也随之发生了转型。经济体制改革使城市建设由过去单一的、政府控制下的有计划建设,转变为政府引导下的、由多元投资主体主导的市场行为。城市原有的那种带有浓厚计划经济色彩的"单位大院"——小而全的封闭式独立地块布局被打破,取而代之的是多元化的居住区、工业区、商务区、高新技术园区等市场经济的产物。同时,土地制度的改革改变了国有土地单一的行政划拨供给方式,地价成为调整城市布局的重要经济杠杆,城市空间结构也因此发生了重组。市中心区发展成为重要的商业金融、公司总部的聚集地,中央商务区也开始形成。与此同时,那些低端零售业、工厂、低档住宅由于无法支付高地租而被挤出城市中心区。住房制度改革也导致了居住分异现象日益显著,高级居住区和廉价住宅区的空间区位日益不同。此外,户籍制度改革、福利制度改革等多种因素,都对城市空间结构的转型产生影响,推动了多元化的城市空间的形成。

2) 城市空间职能的转变

在市场经济、消费文化、人文精神回归等多因素的影响下,中国城市的主要职能正在发生转变。一方面,城市生产功能的统治性地位正在慢慢下降,而城市作为服务中心、管理中心和文化中心的作用正在逐步强化;另一方面,城市作为生产中心的功能虽然没有完全消失,但在具体内涵上也有所发展与改变,主要体现在生产技术方式的变革(传统生产功能向现代生产功能的转变)、生产要素构成的变化等方面。这种空间职能的转变导致了城市空间组织方式和区位选择要素的变化,中国传统的城市空间形态已经无法适应城市空间职能的根本性变化,建立在新的城市功能基础上的城市空间现象,如:产业空间、商业空间、居住空间,以及为疏散原城市职能而形成的新城、卫星城,以不同于原有城市空间的形态、区位和尺度等特征不断出现,这些因素又反过来进一步影响了城市空间职能的转变速度和趋向。

3) 郊区化发展

目前,中国城市郊区化的现象日益明显,城市中的人口、产业、居住、商业乃至行政空间不断向郊外转移,或沿着交通干线轴向外迁;或以主城为中心环形扩张,但这种扩张是以不断蚕食郊外绿色生态空间为代价的,而且使城市的环线交通过于拥挤,边际效应的递减规律使这种扩张带来城市空间使用效率的急剧下降。许多城市已经出现了这样的问题,新的开发区或者新城内空地面积广阔却行人稀少;大量的住宅、写字楼空置,大面积的闲置土地只能草草用绿化覆盖。

基于上述城市的发展趋势,城市空间相应出现了下述一些问题:

1) 空间功能与属性脱节

由于新开发、建设的土地在历史上往往没有非常成熟、稳定的空间格局可以借鉴,也没有形成明显的城市文脉,因此,中国许多新建的城市空间的形成主要来自人为力量的干预。在新区开发与新城建设中,强烈的政治色彩和急功近利的商业心态,将长官意志与商业利益提升到前所未有的高度。许多新建成的城市空间不是因为市民的需求而产生，而是纯粹的商业炒作、面子工程的产物。有些地方政府为扩大招商力度，开展压价竞争，引发大量违法占地、圈而不用的行为，宝贵的土地资源被浪费；而有些政府为了凸显政绩，在城市中修建大广场、宽马路，却并没有多少行人、车辆穿行其中；动辄花费数亿元修建的行政中心、商务中心却带动不了周围地区的经济发展。这意味着人为赋予的空间角色与空间本身所具备的属性并不相符。

2）空间使用率偏低

随着新建城市空间越来越多，引发了城市空间的离散现象。首先，城市开发区和新城区往往分布在城市的外围区域，开发征用了大量的农用土地，城市周围的粮田沃土及绿地林带被蚕食和取代。但是一方面由于建设速度过快，许多开发区只来得及"占有"，而来不及"使用"，只注重建成区面积的增加，而不讲求城市土地利用效益；另一方面，我国城市空间扩张的速度快，而城市规划和发展的理念不能及时随之更新，不讲求科学管理和调适：导致了城市发展呈现无序化开发状态。城市新建城区内的空间出现点、线状分布，点与点、线与线之间是大面积的空白区，它们成为城市的消极地带，空间使用率普遍偏低。

3）空间组织混乱

在我国建国以前，城市空间的组织基本没有人为规划的干预，城市空间按照其自身规律进行组织。由于那时城市发展的速度也非常缓慢，因此城市空间仅依靠其自身规律发展就不会出现什么问题。从建国后到改革开放前，虽然人为规划已开始介入城市空间的发展和演变中，但由于城市建设速度缓慢，人为干扰与空间自组织的冲突结果也并不十分明显。但在改革开放后，城市建设速度明显加快，一方面依靠空间自身组织的速度已无法赶上城市经济、人口等方面发展的速度，必须借助人为干预；另一方面，人为干预的结果却并不理想，由于空间理论的发展滞后于城市空间的形成速度，城市空间出现选址不当、无序扩展、相互干扰等问题，尤其缺乏城市空间内部的协调，造成整体空间失衡、运行混乱的状态，这也成为当前城市发展的重大障碍。

因此，对于城市空间本身的研究并不能止步，还需要进一步考察如何将人为干预与空间的自组织规律相互协调起来，调理城市空间的内在关系,让各方面的干涉能够相互适应和协调。

1.1.2 不可回避的建筑遗产

1) 我国建筑遗产的现状

建筑遗产是历史文化的产物,在体现世界各城市的差异性方面具有无可替代的作用。自人类步入 21 世纪以来,世界各国对于建筑遗产价值的认知度越来越明确,对保护建筑遗产的关注度也越来越高。我国 1961 年公布的第一批全国重点文物保护单位仅为 33 处,1982 年公布的第二批全国重点文物保护单位为 62 处,1988 年第三批全国重点文物保护单位数量激增至258 处,1996 年和 2001 年又分别公布了 250 处和 518 处全国重点文物保护单位,截至 2006 年公布的第六批全国重点文物保护单位(1 080 处),我国目前国家级的文物保护单位共2 201 处①,其中绝大多数为建筑遗产,包括古建筑及历史纪念建筑、古遗址、古墓葬和石窟寺。

2) 目前建筑遗产所面临的问题

遗产保护的重要性日益被重视,这一好的趋势固然值得肯定,但是另一方面,城市化的加速,经济建设的高速发展,对遗产保护也带来了相当大的冲击。原国家文物局局长单霁翔曾指出:"当前,我们国家正处于一个特殊的历史阶段,一个反映就是城市化加速进程,另一个就是大规模的城乡建设。当然,这样两个方面是相辅相成的,相互叠加在一起,就构成了今天对于文化遗产保护来说是一个最艰苦和最严峻的、最紧迫的历史阶段。"②目前我们所面临的问题主要有以下几个方面:

其一,孤岛式的保护。将建筑遗产孤立于城市环境,认为所谓保护就是单纯的圈地运动,对建筑遗产"画地为牢",为了保护而保护。把建筑遗产的保护与城市发展割裂开来、对立起来。这种行为看似将建筑遗产保护得最为彻底,但实质上最终会导致遗产的僵化和死亡,更不利于城市空间的完整与连续。不过随着保护观念的发展,这类封闭式保护方式已逐渐被淘汰。

---

① 数据来源:中华人民共和国国家文物局官方网站
② 单霁翔.文化遗产让生活更美好."文化讲坛"第 12 期.人民网、人民日报总编室主办,2011-
02

其二，片面强调遗产形式的完整性与假古董的泛滥。"完整性"是遗产保护的重要原则之一，因此对这个原则的正确理解就非常关键。建筑遗产形式上的完整性固然是重要的，但是如果过分强调，就会导致"以假代真"的现象。尤其是一些打着文化的旗帜，纯粹以商业赢利为目的的复古项目，不仅不符合市场经济的规律，更违背了城市历史文化保护的初衷。各地盛行的复原、重修项目，其本质实在令人担忧。例如寒山寺、雷峰塔、鹳雀楼的重建，还有诸多的"唐城""宋城"究竟有没有必要，实在值得商榷。

西安的钟楼、鼓楼是重要的建筑遗存，1998年钟鼓楼广场建成，为了呼应两座建筑，广场周边的建筑形式都采用了仿古的形式（如图1-1所示）。2005年西大街改造完工，整条街的沿街立面被改造为明清风格（如图1-2所示）。原来的建筑和尺度荡然无存，取而代之的是近乎于电影布景似的虚假历史立面。

图1-1　钟鼓楼广场的仿古建筑　　图1-2　西大街改建后的面貌
图片来源：百度图片　　　　　　　图片来源：百度图片

一个城市的建筑遗产固然值得尊重，但城市记忆不是僵硬的化石，而是一个连续不断的过程，为了凸显某一个空间所体现的特殊历史片段，盲目要求其他空间与之统一，而强行将其他城市空间进行复古，其实是对城市记忆的破坏，也是对历史的不尊重。这种盲从于遗产类建筑风格的做法，非但没有弥合遗产与城市之间的裂缝，反而使得遗产所影响的空间更加孤立于城市整体之外。建筑遗产对于城市的价值并不仅仅在于其形式上，我们应该更多地在空间上对其加以利用。

其三，高投入的开发与低回报。随着对建筑遗产再利用观念的兴起，各地方政府、民间都开始了对建筑遗产的开发行为。以西安为代表的许多古都名城，更是希望借助城市内的建筑遗产,打造城市名片,弘扬城市文化。因此,在遗产开发方面可谓不遗余力,投入的人力、物力也不容小觑,例如,长沙铜官窑国家考古遗址公园仅一期工程就投资 2.8 个亿,西安大明宫遗址公园总投资达 120 亿。在各色遗址公园、古街、风情园粉墨登场时,却并不是每一次投资都获得了理想的回报。尽管目前尚未统计到西安大明宫遗址公园每年的收益,但是在 2012 年,西安网友已经将大明宫遗址公园列为最不值得去的十大景区之一。以大明宫遗址为代表的诸多"遗址公园"游人寥落,是不容忽视的事实。

可见对于如何利用建筑遗产,将之作为城市的推动因素,在保护遗产的同时促进城市空间的可持续发展,并不是划定保护区、建设遗址公园那么简单,还需要进行更多的研究。

意大利建筑师卡洛·斯卡帕曾说"历史总是跟随并且在不断为了迈向未来而与现在争斗的现实中被创造;历史不是怀旧的记忆".[1] 这句话阐明了历史的本质,第一,历史是通过人类面向未来的创造性行为而产生的;第二,人类面向未来的创造行为多少会与既成现实有冲突、有矛盾,而这些冲突与矛盾正是人类历史的价值所在;第三,历史不是一块停滞不前的化石、不是一张褪色的老照片,而是一个充满矛盾与变化的过程,历史与现在都是相对概念。一座城市的历史与现在,既不是一成不变的"标本",也不是"任人改扮的小姑娘",只有正确地认识到这一点,我们才能正确地对待包括建筑遗产在内的一切城市空间。

1.1.3　研究的核心问题

如果对我国城市空间的问题和建筑遗产所面临的问题做一个总结,会发现对于城市空间来说,主要矛盾在于人为规划与空间发展规律之间的矛盾。人为规划得很快、很理想,而空间的发展却并不如我们所愿,因而产生了各个方面的断裂。城市建设不管是在功能上、空间使用上,还是对空间的组织上,都不能很好地产生良性可持续的发展,而总是顾此失彼,对于问题只追求各个击破,而缺乏系统性的解决。同样,在建筑遗产的保护再利

[1]　褚瑞基.卡洛·斯卡帕:空间中流动的诗性.(香港)香港书联城市文化,2010.第 27-28 页

用领域,行为的结果也经常与人们的初衷相违背。这首先是因为缺乏系统观而导致的。

其次,尽管城市空间与建筑遗产看似各有各的问题,但是它们在地理关系上却有着不容忽视的相关性。建筑遗产对空间的占有是不能够被随意改变的,而城市空间的发展也有其对空间的需求。无论是向外扩张,还是向内填充,建筑遗产都无法绕开。尤其是在一些历史名城内,建筑遗产星罗棋布,城市空间本身在一定程度上就是由这些建筑遗产空间所构成的。这些建筑遗产不仅仅占有了一部分物质空间,还在历史上,甚至今天依旧对城市空间的其他部分产生或大或小的影响。因此,对于城市空间的研究,不能忽略建筑遗产的部分。

最后,由于意识到了地域文化、地方特色的重要性,目前国内许多城市都开始打"历史牌""文化牌",对建筑遗产进行高投入、大规模的开发,开发的目的在于通过建筑遗产来带动城市的经济、文化发展,优化城市空间。但是,建筑遗产开发后,对城市空间的影响结果如何,却没有整体性的准确评测。因此,如何考察建筑遗产再利用后对城市空间的影响作用也是一个需要解决的问题。

综上所述,在城市空间出现了诸多问题和建筑遗产大开发的背景下,运用系统观念,以通过建筑遗产来优化城市空间为目标,分析建筑遗产对城市空间的影响作用,并总结出一套有效的分析研究方法,就是本研究的核心问题。

1.2 国内外研究现状

1.2.1 西方建筑遗产保护学科的发展

1) 18 世纪下半叶至 18 世纪末

发端于 18 世纪的欧洲启蒙运动，唤起了人们对于古希腊、古罗马的民主、共和的向往和赞美。大量贵族青年在欧洲大陆，尤其是意大利游历，学习政治、文化，特别是古代艺术，这在当时被称为"Grand Tour"。在英国，"Grand Tour"甚至被认为是上流社会青年的结业课程。"对古典建筑的热衷，自然引起了对考古工作的重视。18 世纪下半叶到 19 世纪，考古工作的成绩显著。发掘出来的希腊、罗马的艺术珍品被运到各大博物馆，欧洲人的艺术眼界才真正打开了。"①在启蒙运动思想的影响下，人们对建筑遗产的热情空前高涨，建筑考古成为当时新兴的一门时尚学科。

随着考古发掘规模的扩大，现代考古学在 19 世纪中叶形成了。能搬动的艺术品文物都被送进博物馆加以保护，而那些无法运送的建筑遗产，则促使了野外建筑保护与修复技术的诞生与发展。在这一时期，建筑遗产保护主要和文物保护、考古学联系在一起，并没有和城市发生关系。而此后爆发的工业革命，才使得建筑遗产和城市的命运发生了巨大的变化，并从此紧密地联系在一起。

18 世纪后半叶爆发的英国工业革命，是世界历史上第一次技术性革命，对西方资本主义国家产生了深刻而长远的影响。到了 19 世纪中叶，工业革命从轻工业领域扩张至重工业领域，巨大的冲击给城市和建筑遗产带来了一系列矛盾。一方面是交

---

① 罗小未主编. 外国近现代建筑史. 北京:中国建筑工业出版社. 2004. 第 4—5 页

通和环境陷入一片混乱和不断的恶化之中；另一方面是住宅严重紧缺和大量贫民窟的无序产生。社会生活、生产方式被技术改变，从而进一步要求城市与建筑也作出相应的改变。

巴黎塞纳区行政长官欧思曼（G. E. Haussmann）在 1853 年对巴黎实施了一次城市美化运动，这是资本主义城市改造的第一次探索。但这次改造的对象仅限于主要街区，并没能涉及其背后混乱的大面积贫民窟。欧思曼在巴黎中心开辟了许多笔直宽阔的马路，沿街道修建整齐划一的折衷风格建筑，从此改变了巴黎之前的中世纪和文艺复兴城市面貌。从城市遗产保护的角度来看，欧思曼无疑是搞了一次彻底的破坏，他拆除了大量他认为不重要的历史建筑，仅保留特别重大的建筑遗产如凯旋门、巴黎圣母院等。这次城市美化运动使得这些文物建筑孤零零地矗立在城市广场上，切断了它们原本与城市之间的联系，周围的历史环境被彻底清除了。

但欧思曼的城市改造方式由于在缓解交通堵塞、提高中产阶级的居住环境、减低城市密度和减少部分贫民窟方面做出了贡献，因此，被许多西方城市采纳。我们今天所看到的大部分欧洲城市面貌，都完成于那个时期。这些城市的空间被彻底改变，自由弯曲的小街巷被宽阔笔直的马路替代；中世纪的小建筑被新建的大型建筑所取代；追求轴线、对景呼应效果的城市空间成为建设的主要方式。这种做法一方面使得传统的大城市得以在新世纪中延续下去，但另一方面也破坏了传统城市中的有机结构。虽然，在城市的改造区，破败的小街巷和贫民窟消失了，但它们又相继出现在改造区的周边，而且环境更加恶劣。对建筑遗产的大量毁灭，虽然缓解了一些矛盾，但并没有彻底解决城市问题。

法国是启蒙运动的思想发源地，而建筑遗产保护的现代萌芽也源自 19 世纪初的法国。在法国大革命时期，与人类历史上的无数次社会动荡时期一样，人们在革命的激情下，通过毁掉建筑遗产来表达对过去统治的反抗和决裂。但在大革命之后，法国重新走上国家建设轨道。1830 年，法国建立了历史建筑管理局，开创了政府性建筑保护机构之先河。1834 年，梅里美[①]被任

---

① 普罗斯佩·梅里美（Prosper Merimee，1803 年 9 月 28 日—1870 年 9 月 23 日），法国现实主义作家，中短篇小说大师，剧作家，历史学家。

命为历史建筑监察官,他随后颁布了第一部建筑保护法规——《历史性建筑法案》。19 世纪 40 年代,著名建筑师维欧勒·勒·杜克①形而上地论证了建筑遗产的存在意义及其合理的存在方式,从此之后,建筑保护逐渐形成一门完整系统的学科。

总而言之,这一时期的建筑遗产保护还远远没有走上与城市共同发展的道路,也远没有被大众认知和接受,而是仅局限于建筑修复的领域内,被一小部分精英分子所重视。

2) 19 世纪末至 20 世纪 40 年代

在这一时期,现代建筑运动处于探索时期,欧洲出现了新建筑、新艺术运动,美国则出现了芝加哥学派。而城市规划领域则从古典主义向科学性的现代城市规划学科转变,更关注于解决现实社会中的现实问题,提倡艺术化的教育和高雅的生活方式。在欧洲城市艺术化的背景下,对建筑遗产的关注成为了一项重要任务,出现了以法国、意大利、英国为中心的不同学派。

法国

以维欧勒·勒·杜克为代表的法国派,强调的是"风格性修复"。维欧勒·勒·杜克的观点主要有两个原则:一是要求修复工作必须建立在科学的基础上,要首先考证出建筑遗产每个部分的年代及其特点,并依据这些资料拟定实施计划,然后再依据该文献逐一修复;二是认为建筑修复需力求恢复历史时期的形式,并完美再现那个时代的风格。勒·杜克的观点一方面为建筑修复和保护的科学性做出了贡献,但另一方面也由于过分强调恢复原状和风格的统一而破坏了遗产的真实性。而且,由于勒·杜克所追求的原状,往往是建筑师头脑中的理想,有时创作的成分甚至大于修复的成分,因而更加歪曲了建筑遗产的历史形象。

维欧勒·勒·杜克的理论后来被称为法国派,并一度在 19 世纪末到 20 世纪初成为主流,欧洲许多国家都按照他的理论和方法进行建筑遗产修复工作,因此经常发生随意改建和为了追求"原状"而建设假古董的行为。建筑遗产在其存在过程中的大量历史信息并未得到关注,反而被严重破坏了,这在建筑遗产保护历程上是一次重大的损失。

---

① 维欧勒·勒·杜克(Eugène Emmanuel Viollet-le-Duc;1814 年 1 月 27 日—1897 年 9 月 17 日),法国建筑师与理论家,画家。最有名的成就为修护中世纪建筑。法国哥特复兴建筑(Gothic Revival)的中心人物,并启发了现代建筑。

英国

拉斯金①是英国派的代表人物,他在《建筑的七盏明灯》中强调了建筑的"历史性",并绝对捍卫历史建筑材料的真实性,认为只有真实的历史建筑而非那些复制品才是一个国家历史的纪念碑,是值得记忆的真正的遗产。拉斯金认为"修复"根本不可能恢复建筑过去的伟大和魅力,就像是死者不能复生一样,"修复"其实是对遗产最为彻底的破坏,是一种虚假的描绘。他认为建筑和世间万物一样有着生与死,任何建筑都不能避免死亡,我们不应触动这个规律。

拉斯金崇尚自然和自由的神秘性,他相信建筑成为废墟之后是挣脱了人工的有形限制,而化为自然的无限制之态,可以承载人类的一切自由想象,无拘无束。因此,废墟是建筑的最终形态,也是最令人神往的阶段。修复废墟是没有必要的,只要将其保护起来供人凭吊即可。

继拉斯金之后,威廉·莫里斯②于 1877 年创立了英国第一个全国性文物保护组织——文物建筑保护协会。协会的主要论点与拉斯金一脉相承,认为修复古建筑实际上是不可能的,所谓修复其实是把古建筑的历史面貌破坏掉,然后修建一个没有生命的假古董。应该用"保护"取缔"修复",要保护古建筑的全部历史信息,凡是新增的部分或者材料都要能够被识别,不能伪装成原建筑的一部分,也绝不能篡改古建筑原有的部分。

英国派的这两位代表人物都认为建筑应当顺应社会的发展和变革,仿造旧有的建筑形式是对建筑师的不尊重,每一个时代都应该有这个时代引以为傲的建筑形式。对于已经破败得过于严重的古建筑,并不应该修复或者改建,而是应将其拆除,用新建筑去取代它们。建筑遗产保护应该和现代化进程联系起来,鼓励人们创新而非模仿。拉斯金与莫里斯这两位先驱的思想,对当代遗产保护理论产生了一定的影响。

意大利

意大利派并不算是建筑遗产保护的先驱,但是他们结合了两个世纪以来的保护理论和方法,形成了一套更为合理与严谨

---

① 拉斯金(John Ruskin,1819—1900),英国艺术评论家、作家、艺术家。

② 威廉·莫里斯(Willam Morris, 1834—1896),英国建筑师、美术家、诗人,工艺美术运动代表人物之一。

的保护理论。18 世纪末,意大利派倡导"文献性修复",与法国派相同的是,也坚持建筑遗产的修复必须有科学依据。但不同的是,他们反对依照建筑师的个人观点进行追求风格统一的修复做法,而是大胆采用新材料,在修复中体现历史、形式、结构等方面的矛盾和统一。"文献性修复"的代表人物卡米洛·波依托(Camillo Boito)批判法国的"风格性修复"是一种作伪,认为文物建筑并不仅仅是艺术品,而是历史的重要因素,因此他主张尊重遗产的现状,修缮的目的应该是保护历史对遗产所产生的一切改变,即便这些改变已经使建筑的原貌模糊不清。1933 年通过的《雅典宪章》在很大程度上就受到了卡米洛·波依托的观点的影响。他的后继者,乔瓦诺尼(G. Giovannoni)和卡洛·斯卡帕(Carlo Scarpa)发扬和补充了他的理论与方法,意大利派的建筑遗产保护理论对世界产生的影响最为深远和巨大,也可以说得到了国际的公认。

根据陈志华教授的观点,意大利派的主要贡献有三方面,首先文物建筑不仅仅是艺术品,而且是文化史和社会史的"实物见证"。因此,保护工作的目标不是追求建筑风格的完整和纯正,更不能人为"创造"所谓的纯正风格,而是要保护遗产所携带的历史信息。其次,除了要尊重文物建筑原有的状态,也要尊重历史带给它的变化,在不影响建筑安全的基础上,缺失的状态也要保留下来,因为这些变化也是真实性的重要组成部分,是文物建筑价值的一部分。保护文物建筑要让它所经历过的历史清晰可读。最后,除了保护文物建筑本体,还要保护原有的自然和人工环境。

奥地利

第一次世界大战以后,建筑师们更加倾向于抛弃教条的历史主义,转而拥抱现代,建筑遗产的价值越来越需要被定义。奥地利艺术史学家阿洛伊斯·里格尔(Alois Riegl)便在历史和当代中寻找建筑遗产的定位。当一个建筑物在某一时期成为纪念物时,它在当时的价值和定位是容易被认知和识别的,但它的纪念性是否能够在随后的时间里被延续,就不是短时间内能够验证的了。这需要人们更加理解纪念物的本质,并不断挖掘它的特征。建筑遗产不能仅仅是短时间内对人们的愿望和需求的回应,而应该是更为长久的存在,是能够在延绵不断的时间里持续地诠释人类历史的一种存在。

阿洛伊斯·里格尔在《纪念物的现代崇拜：它的性质和起源》中将纪念物划分为"有意而为"和"无意而为"两种。前者是指建筑物在建造之初就有着特殊的目的，从一开始就是作为纪念物而出现的；后者则是指那些为了满足当时人们的一般需求而建造的数量庞大的普通建筑。他还定义了纪念物的四种价值，分别为历史价值、年代价值、使用价值和艺术价值。历史价值也可被称为"信息价值"，人们可以从纪念物身上获取关于祖先存在和历史生活的知识。年代价值是指由于历史痕迹而产生的一种氛围和怀旧的文脉，是对人们情感的回应。这两个价值都可以被称为是"过往的价值"（Values of the Past）。使用价值是人们为了当下的功利目标而使用纪念物，它还包含了经济价值。艺术价值就是纪念物的造型所承载的、可被欣赏的、美的体验。这两种价值可被视为"当代价值"（Present-day Values）。

总体来说，这一时期的遗产保护理论和方法延续了上一阶段的仅由社会精英派参与和推进的历史，但其关注的焦点则从泛泛地保护一词，转变为挖掘历史真伪和遗产价值所在的争辩中。与此同时，在西方历史主义、怀旧主义等思潮的影响下，保护历史建筑的立法也日趋完善。但这一时期的保护运动还是有很多局限性。首先是保护的范围仅限于局部地区、特定建筑的保护，所采用的方法也是以"原样保存"为目标，理论与实践也依然拘泥于文物修复领域。虽然在理论上认识了建筑遗产的社会文化价值，但还未深入意识到社会价值的多样性，也没有认识到建筑遗产丰富的物质与精神资源可以被利用来回应更多样的社会需求。

3）二次世界大战至 20 世纪 70 年代

二战以后西方城市开始了大规模的重建运动，建筑遗产和历史城市的保护问题空前紧迫。有的国家将建筑遗产和战争废墟一起清除掉了，有的则草率地开始重建工作。这一时期历史建筑的再利用从特定的重要文物建筑扩展至产业建筑遗产和一些一般性的建筑遗产。保护思路上也从仅仅保护其历史文化价值扩展到关注建筑遗产的社会属性的发掘方面。除了文物修复学科，社会学、城市规划等学科也开始触及建筑遗产保护，鼓励公众参与也成为政府的新举措，建筑遗产终于开始走入与社会生活相融合的领域。

在 20 世纪 60 年代，西方的城市更新运动进入了新的历史时期，不同于仅仅关注城市物质空间的旧城改造，这一时期的城市更新运动更关注如何提高城市的人口素质、促进经济发展、改善生活品质和为社会需求开辟新的资源。在意大利博洛尼亚，历史物质环境的保护和居民生活水平的提高被放在同等重要的地位被考量。遗产保护不仅要保护城市的物质空间，还要保护空间的内涵。在政策上也实行公民参与决策的做法。博洛尼亚的规划目标是要对城市的现有空间进行整理和提高，增加社会服务体系和公共设施，整合交通与土地利用模式，创造良好的人居环境。

1964 年《威尼斯宪章》的签署，标志着遗产保护进入了一个新时期。从 19 世纪中叶到 20 世纪中期近百年的时间里，建筑遗产保护从萌芽走向成熟，其历程主要是建筑师的审美价值和文保专家的历史信息真实性这两种价值观和方法论的辩争。最终，建筑师以审美为核心的价值观日渐式微，而以保护历史信息为核心的价值观逐渐被人们接受，也最终成为主流。《威尼斯宪章》就是这一价值观的体现。第一，它扩大了"历史纪念物"的概念，指出"不仅包含个别的建筑作品，而且包含能够见证某种文明、某种有意义的发展或某种历史事件的城市或乡村环境；不仅适用于伟大的艺术品，也适用于由时光流逝而获得文化意义的过去比较重要的作品"。第二，它指出"一座文物建筑不可以从它所见证的历史和它所产生的环境中分离出来"。第三，它指出"为社会公益而使用文物建筑，有利于它的保护"。

《威尼斯宪章》的核心思想，实际上就是反对为了纯粹、统一的审美价值，而损害建筑遗产所承载的历史信息的真实性，损害它们作为历史见证物的价值。基于此核心，建构了完整的保护理论和方法，如采取的一切措施都应该是"可逆的"。这些原则避免了历史信息的丧失、造假和混淆，避免了建筑遗产成为传递虚假信息，而非真实历史的见证物。

因此，真正的建筑遗产保护，是保护它们的实体与原生环境，而不是保护想象中的"历史风貌"。建筑遗产所拥有的真实历史信息也是指它们从建成之日开始，一直延续至成为保护对象之时所获得的所有历史信息。对于清理、拆除、改建、复建都必须抱着非常谨慎的态度，否则就会影响甚至毁灭建筑遗产的存在意义。《威尼斯宪章》所提出的保护理论，并未涉及建筑的材料、结构等问题，是一般性理论，适用于所有的建筑遗产类型。

从20世纪后半叶开始，人们刚刚开始意识到历史地段和历史街区的重要性，以及它们可以给城市带来的价值。公众的倾向也发生改变，随着战后的大规模重建活动，人们既希望改善自身的居住环境，又希望能够延续往日的记忆，因此遗产保护普遍为大众所接受，大众开始参与遗产保护与城市建设的决策。随着现代主义的衰落和转变，现代主义之后各种流派思潮的兴起，人们的观念从彻底的旧城开发转向城市更新与历史保护相结合，后者对城市用地上现有物质空间的特征、场所感和与历史文化的关联性给予了更多的关注。

尽管人们的观念已有所转变，但尚未形成系统、成熟的做法。事实上，20世纪60至70年代的建筑遗产保护历程充满了坎坷，也并未能成为主流观念。在当时，现代主义的物质决定论依然是城市设计的主导。因为开发商的利益驱使，大拆大建的行为依然非常普遍。宏伟的交通规划给城市带来了功能上的更新，但也摧毁了原有的社会心理场所，取而代之的是卫生整洁却苍白且缺乏活力的城市空间。在看到了建筑遗产在城市现代化背景下的命运后，在反省了现代主义给城市带来的负面影响之后，人们开始反思并尝试新的遗产保护与城市建设途径。1961年，简·雅各布斯的著作《美国大城市的死与生》发表，激起了人们对城市环境的保护意识。建筑遗产保护也扩展到对人类生存环境的关注上，一些建筑遗产不再仅仅作为城市和市民生活的旁观者，而是按照当时人们的需求，被改造为工作、休闲、居住的人性化场所。

在这段大量历史建筑被破坏的时期，建筑遗产保护观念进入了新的转折，破坏中孕育着新生，保护运动不久就迎来了系统化、科学化的高速发展期。

4）20世纪末至今

工业文明发展到20世纪下半叶，开始遇到资源短缺的瓶颈。西方世界的两次石油危机沉重打击了工业的发展，并引发了人们对能源的恐慌，也终结了消耗大量能源和资金的、大拆大建的城市更新模式。能源危机唤醒了环保意识，人们意识到摧毁是另一种形式的浪费,西方各国纷纷开始转向研究和实践建筑遗产保护与再利用的理论和途径。此时的遗产保护,已不再是单纯的以保存为目的的保护,而是要将建筑遗产利用为城市复兴和建设的重要平台。在美国七八十年代的建筑施工中,大约有70%以上属于改建和修复工程。

城市再生(Regeneration)观念渐渐取代了原有的城市更新观念。建筑遗产通过再生、再利用参与到城市生活中去,成为市民日常生活的有机组成部分。一场以建筑遗产再利用为核心的城市再生运动在西方各国普遍展开并一直延续到了今天。80年代后期,建筑遗产再利用已经明显脱离了考古学和文物修复专业的领域,而被融合进了当代建筑设计和城市规划与设计的范畴。建筑遗产的再利用不再是单一的修缮和保护,建筑的改建不再是文物修复的一部分,而是建筑学、城市规划与设计的一部分。各国政府在发现了建筑遗产和旧城区的新价值后,开始提供政策支持,使得这一时期的城市再生力度和范围都远大于之前的任何一个阶段,而实践的理论核心就是建筑遗产的再利用。

这一阶段,最为人们关注的再利用对象是产业建筑遗产。那些留存状况良好的产业历史建筑的商业价值得到了人们的普遍认可。通过登记造册和分类等记录体系,人们加强了对19世纪建筑的保护,从而限制了无序的拆毁行为。人们的想象力也被激发了,产业建筑被改建为各种功能的建筑,与人们的生活联系在一起。它们的商业化和居住化再利用方式,使得原本破败废弃、阻碍城市发展的历史建筑和历史片区,再次活跃起来并促进了城市的建设。此外,对产业建筑的再利用不仅仅局限于商业和居住两个方面,另一个重要方式是将之转化为文化艺术类建筑。随着艺术越来越平民化,人们对文化艺术需求的不断增长,许多废弃的产业建筑被改造成为博物馆、音乐厅、影剧院和市民中心等文化设施。

20世纪末,在建筑遗产保护运动和城市建设的过程中,遗产保护开始与大众的生活结合起来,并且与城市复兴密切相关。同时,建筑遗产保护的审美探索也结合了当代艺术的成果和观念,在对现代主义的批判上有了进一步的发展。再利用作为遗产保护的一种方式,包含了给遗产建筑注入新的生命的使命,并且必然地与之前纯粹的高雅文化相断裂。这是一次大胆的创新和挑战。为建筑遗产安排新的城市功能是一项复杂艰巨的任务,不仅牵扯到遗产价值的认知和重新评估,还关系到使用者的确切需求,以及对未来时代的责任。在支离破碎的后工业时代的城市图景中,建筑遗产将重新获得它们在城市中的定位,将文化、经济和资源凝聚在一起。

西方建筑遗产学科从保护走向再利用,从单体保护走向群体保护,从静态保护走向有机发展,为建筑遗产与城市空间的进一步接轨创造了坚实的基础。

1.2.2　我国建筑遗产保护理论沿革

1) 我国古代古建筑的保护与利用

在中国古典文化时期,古建筑不同于古玩字画类的收藏品,仅属于"工匠之作",算不得艺术品。因此保护行为大都是出于节约的目的,这种实用主义的观念形成了我国古建筑保护从一开始就与再利用结合在一起的局面。

在这种观念的引导下,古代的工匠们总结发展出一套实用的古建筑修缮和维护技术方法。各朝各代也都制定了一些相关的建筑维护修整制度。例如,宋代就有专管修缮城垣的厢军,元代则规定守城兵卒负责每年更换损坏的城墙苇衣。明代《明会典》记载:"凡京师城垣,洪武二十六年定:皇城,京城墙垣,遇有损坏,即使丈量明白,见数计料,所有砖灰,行下聚宝山黑窑等处关支;其合用人工,咨呈都府行移留守王卫差拨军士修理。若在外藩镇府州城隍,但有损坏,关于紧要去处者,随即度量彼处军民工料多少,入奏修理。"[①]这种定期维修的制度一直延续至清末。除了日常的维护,大木作的维修和更换也有史可考。如《宋史》"方伎传"记载了僧怀丙利用木楔抬高梁,抽换大柱来矫正应县木塔,以及用相同的技术修整塌陷的赵州桥的做法。在《营造法式》中第十九卷的"拆修挑拔舍屋功限"中明确规定了维修矫正房屋的具体做法。当一些特别重大的建筑被严重损毁时,由于古人敬祖尊古的道德观念,往往采用原址重建的办法。例如

---

① 中国科学院自然科学史研究所主编. 中国古代建筑技术史. 北京:科学出版社,2000,1. 第522页

故宫的太和殿和乾清宫就数次被重建,始建于三国时期的黄鹤楼更是屡毁屡建。不过,对于那一时期的重建并不一定都按照原样建造,有时仅仅是在原址上修建一座全新的建筑。

严格说来,我国古代时期对于古建筑并没有"遗产保护"这一概念。对古建筑的维修和重建或者出于继续使用的目的,或者出于"怀古伤今"的情感需求。古建筑仅仅作为一种"器物"而存在,可用则用,不可用则废弃不问。即便是对古建筑的维护,也没有形成任何理论化的原则或者指导方针,而仅仅停留在技术层面上,因此维修带有明显的时代印记和工匠的个人意愿。无论是上层贵族还是普通百姓,都完全没有意识到建筑作为历史、文化、艺术、社会、生活的见证和载体的存在意义,绝对的实用主义观念导致了大量珍贵古代建筑的湮灭,但同时也使得有幸保存下来的建筑经常残留多个时代、多种风格的历史信息。

2) 19 世纪末到 20 世纪初

从 19 世纪末到 20 世纪初,由于受到西方文化的剧烈冲击,中国的一批文化精英开始反思传统文化,并积极向西方文明汲取先进的思想和技术。随着大批海外留学生归国,带回了西方先进的文物保护、考古学、建筑学等学科的知识,我国的遗产保护事业开始初露萌芽。

1922 年北京大学成立考古学研究所,随后设立考古学会。1928 年,国民政府成立了中央古物保管委员会,并于 1930 年颁布《古物保存法》,一年后又颁布了《古物保存法实施细则》,这两项法案都将古建筑列入了文物保护的范畴,标志着我国建筑遗产保护的起步。

1929 年,中国营造学社成立,朱启钤任社长,梁思成、刘敦桢分别担任法式、文献组的主任。学社从事古代建筑实例的调查、研究和测绘,以及文献资料搜集、整理和研究,宣传古建筑保护的意义,并介绍现代保护观念,参加大量文物建筑修缮活动。营造学社为中国古代建筑史和中国古建筑保护做出了巨大的贡献,并提出了一些重要的保护观点,如不可改变文物的原状、重视保护与研究的关系等。梁思成先生还编写了《全国重要文物简目》,后来成为设立我国第一批文物保护单位的重要参考依据。

这一时期的中国建筑遗产保护初露端倪,是由一批文化精英在国事风雨飘摇中艰难开创的。虽然,这一时期的遗产保护依然停留在文物、考古的阶段,没有形成系统的遗产观念,更远远谈不上与城市的结合,但毕竟迈出了艰难的第一步,这些先辈令人赞叹的努力为后人打造了一个坚实的基础。

3) 新中国成立初期到改革开放前

从 20 世纪 50 年代开始,国家开始重视建设,对古建筑保护的力度也有所加强,但最显著的特点是一切以政治为中心。无论是新中国成立初期的快速发展,还是"文革"的十年动荡,建筑遗产的命运始终与政治导向紧紧联系在一起。

新中国成立后,对于文物建筑、遗址的考古和发掘主要由文物考古部门负责,对古建筑和保护理论的研究则扩大到建筑院校中。在此期间,以梁思成先生为代表的学者提出了我国最早的文物建筑保护原则,主要有以下三点:其一,"整旧如旧"原则,即不过分追求古建筑的视觉美观性,而保存古建筑现有的历史沧桑感;其二,"最有必要措施"原则,即在对古建筑采取维修措施时,要确保这些措施是不可或缺,不会影响古建筑的历史价值和艺术价值的,也就是尽可能少的对古建筑进行干预;其三,"历史环境保护"原则,也就是除了保护古建筑本体,还要保护文物建筑的环境。对于文物建筑的利用,梁思成先生提出了"分级利用"的观念,对不同级别的文物建筑采取不同的对待方式,有些要绝对保护,有些则可以适当地加以再利用。

在这一时期,建筑遗产的去留主要取决于政治需要,其次才是学者的观点,而民众对于遗产概念依然处于全然懵懂的状态。对建筑遗产的再利用也仅限于参观和文教功能,与城市发展和生活相隔甚远。国家对遗产保护的工作重心仍然集中在重点文物的保护与修复上,这一工作即便是在"文革"时期也未被打断,因而,那些最为重要的建筑瑰宝都被保存了下来。

4) 20 世纪 80 年代至今

改革开放之后,城市发展突飞猛进,全国各地陆续进入大规模空间的开发建设阶段。新区的建设和老城的更新,以及城市基础设施的改造导致历史城市的风貌被大规模彻底改变,我国的建筑遗产保护进入到一个新的时期,其核心问题也从单个文物建筑的保护转向历史街区的保护,从单纯的建筑遗产保护转向综合利用与旧城复兴。建筑遗产保护的主导因素,也从政治因素转变为经济因素。

在 1988 年公布的全国第三批重点文物保护单位中,建筑遗产的范围从特别珍贵的纪念性建筑,扩展至一般性的民居建筑。1993 年,国家建设部、文物管理局共同草拟了《历史文化名城保护条例》,将被保护的对象从单体建筑扩张至街区、城区范围。同年,我国以国家委员会的身份参加了国际古迹遗址理事会(ICOMOS),从此,我国建筑遗产保护事业开始了国际间交流合作的历程。

在保护理念上,我国加大了对近现代建筑遗产的关注和再利用。地方上纷纷出台了具有针对性的法规和文件,提出对尚未入选文物保护单位的建筑也应加以保护。2005 年的《西安宣言》提出了"历史环境"的概念,将文化遗产的生存环境作为保护中的重要问题提出,指出"历史环境"是遗产价值中不可或缺的一部分。此外,还引进了国外常见的"遗址公园"的保护模式,针对地理覆盖面积较大的大型遗址,进行对遗存构建的原位保存和现状保存。同时,还开始了对"大遗址"保护的探索和实践。"大遗址"一般是指占地面积在 5 km^2 以上、有居民生活、具有较高历史文化价值且不可移动的地下遗址,它不仅仅是文物保护单体,更是与之相关的地理环境、文化环境和社会环境的综合体系。

在这一时期,一方面我国的建筑遗产工作与国际接轨,并飞速发展起来,出台了大量有建设性的政策、法规,保护理论的发展也相当迅速。但另一方面,由于受经济为主导的社会价值观的影响,一切以经济利益为目标,建筑遗产受到的损害也空前巨大,城市发展区和建筑遗产密集地区的发展与保护形成了复杂而尖锐的矛盾。

我国在建筑遗产保护与再利用方面的探索和实践,历经了从单体到群体,从文物保存到开发利用的转变,在此期间与城市建设不断地发生冲突、协调,再冲突、再协调的关系,这些极富中国特色的问题和对解决问题的方式,为进一步通过建筑遗产整合城市空间提供了丰富的实践经验和大量可供分析的实际案例。

1.2.3 城市空间形态研究的沿革

城市空间始终是城市研究的基本问题和重要领域。纵观城市空间研究的发展历史,与城市相关的几乎所有学科都曾经涉足或正在进行这方面的研究。其中建筑学、城市规划、人文地理(包括经济地理学、社会地理学、历史地理学、行为地理学、景观地理学)等学科对城市空间的研究尤为重视。由于研究的目标和角度不同,不同学科在城市空间研究上的侧重点、研究对象和研究方法也各有不同,从而构成了方法日趋多元、结构逐步完善、内容日益丰富的城市空间研究理论体系。

其中以城市空间形态为主要研究对象的学者们认为,城市由基本的空间元素所组成,它们构成了不同的开放、围合空间和各种交通走廊。城市空间形态研究从不同规模层次分析城市的基础几何元素,其目的是描述和定量化这些基本元素与它们之间的关系。狭义的城市空间形态,主要是指城市实体所表现出来的、具体的物质空间形态。而广义的城市空间形态不仅仅是指城市各组成部分有形的表现,也不仅仅是指城市用地在空间上的几何投影,而是一种复杂的经济、文化现象和社会过程,是在特定的地理环境和一定的社会经济发展阶段中,人类各种活动的综合结果。齐康先生曾就城市空间形态的文化内涵进行了深刻的剖析。他认为城市形态是"……一种态势,是城市内外社会、经济、科技、文化共同作用的结果。它在技术进步的推动下与时俱进,它反映意识形态,又具有能动作用。"[①]

1) 城市形态的源起

形态学(Morphology)一词源于希腊语形(Morphe)和逻辑(Logos)的综合,意为形式的构成逻辑。它起源于生物学,后被广泛地应用到传统历史学、人类学和其他多种学科领域。城市形态学萌芽于19世纪,地理学和人文科学的学者们最先将形态学引入城市研究的范畴。其目的在于将城市视为有机体,来进行观察和分析。在研究的内容上,"逻辑"的内涵与"形"的外延共同构成了城市形态学的整体观。

---

① 齐康. 规划课(十七). 现代城市研究. 2010.05.特稿

　　1832 年,在法国建筑理论家德·昆西(Antoine Quatremère de Quincy)出版的鸿篇巨著《建筑学历史目录》(Dictionnaire Historique d'Architecture)中,运用城镇平面图来解释城镇历史。[1] 1889 年,奥地利建筑师卡米洛·西特(Camillo Sitte)出版了《根据艺术原则建设城市》(Der Städtebau Nach Seinen Künstlerischen Grunfstätzen)。[2] 1984 年,法国历史学家弗里茨(Joh Fritz)发表了一篇对于城市形态学而言具有里程碑意义的论文《德国城镇设施》(Deutsche stadtanlagen),以城镇平面图为研究对象,运用形态描述法(Morphography)来分析德国城镇的分布,并发现超过 300 座城镇都具有格网类型的布局。[3] 1925 年,美国人文地理学家索尔(Carl Ortwin Sauer)在论文《景观形态学》(The morphology of landscape)中指出:形态学方法是一个综合的过程,包括鉴别、归纳和描述形态的元素,并在其动态发展过程中恰当的安排新的元素。[4] 1928 年,另一位美国人文地理学家约翰·雷利(John Leighly)在他发表的专题文章《瑞典梅勒达伦:城市形态学中的一项研究》(The towns of Mälardalen in Sweden:a study in urban morphology)中,第一次明确使用了城市形态学——Urban Morphology 一词,并对它做了简单的定义。1960 年,英国城市地理学家康泽恩(M. R. G. Conzen)发表了专论《诺森伯兰郡阿尼克镇:城镇平面分析研究》(Alnwick, Northumberland:a study in town-plan analysis)将城镇空间的三维形态作为研究对象,认为城镇景观应该在城镇平面、建成环境和空间利用三个方面上进行研究,并提出了平面单元(plan unit)的概念,是城市形态学发展的重要里程碑。[5]

　　1980 年,意大利地理学家法拉内力(F. Farinell)对城市形态这个术语做出了三个不同层面的解释:城市形态作为城市现象的纯粹视觉外貌;城市形态是现象形成过程中的产品;城市形

[1]　B. Gauthiez. The history of urban morphology. Urban Morphology, 2004,8(2),第 72 页
[2]　卡米诺·西特著. 城市建设艺术. 仲德崑,译. 南京:东南大学出版社. 1990
[3]　段进,邱国潮著. 国外城市形态学概论. 南京:东南大学出版社. 2009. 第 6 页
[4]　R. J. Johnston 著. 人文地理学词典. 柴彦威,译. 北京:商务印书馆. 2004. 第 461-463 页
[5]　M. R. G. Conzen. Alnwick, Northumberland:a study in town-plan analysis. Transaction and Papers(institute of British Geographers),1960(27)

态从城市主体与城市客体之间的历史关系中产生。[①]

2) 二战前的城市形态学发展

在 18 世纪的学者苦心研究和传播可靠的地形图与平面图的作用下,城市形态学终于有了长足的发展。以这些平面图类型研究为基础,法国历史学家弗里茨依照平面图类型将城镇布局主要分为"规则布局"和"不规则布局"两大类,并将之解释为是"规划"型城镇和"自发生长"型城镇之间的差异。在弗里茨的研究思想与方法的影响下,各国地理学家、历史学家与建筑师对城市形态的研究产生了浓厚的兴趣。

其中,德国的施吕特尔(Otto Schlüter)先后发表了四篇文章和一部专著,奠定了其后该项研究的发展基础。第一篇论文中提出了人文地理学可以作为新的学科;第二篇文章阐述了关于聚居区地理学具有规划特征的观点;第三篇文章提出了"文化景观""文化景观形态学"和"形成地表的对象"这三个术语;第四篇文章涉及人文地理学的目标;第五篇文章评论了人文地理学在地理科学中的地位。[②] 施吕特尔的学生盖斯乐(W. Geisler)更加详细的调查了城市形态的特定方面,并大大推进了表现技术。[③] 在德国,格莱德曼(R. Gradmann)于 1914 年将德国西南部城镇平面分为脊骨——肋骨型、阶梯型和过渡型三类。此外,德国地理学家赫伯特(Herber Louis)在他的论文《大柏林市的地理学划分》(Die geographische Gliederung von Groß-berlin)中提出了"城市边缘带"这一概念,并划分出了柏林市的三个城市边缘带。

在法国,同样受弗里茨(Joh Fritz)的影响,拉韦丹(Pierre Lavedan)继续探讨弗里茨在早年提出的思路:建立的(founded)城镇与创造的(created)城镇的区别;城镇平面形态中殖民权威的重要性;城镇形态与市政立法之间建立平行关系的难易。而

① M. L. Sturani. Urban Morphology in the Italian Tradition of geographical studies. Urban Morphology, 2003, 7(1). 第 40-42 页

② 四篇文章分别为:城镇平面布局 Ber den Grundriss der Städte(1899);关于聚居区地理学的若干评论 Bemerkungen Zur Siedlungsgeographie(1899);人文地理学目标 Die Ziele der Geographie des Menschen(1906);人文地理学在地理科学中的地位 Die Stellung der geograohie des Menschen in der erdkundlichen Wissenschaft(1919),一篇专著为:图林根州东北部聚居区研究 Die Siedlunggen im Nordösttlichen Thuringen(1903)

③ 段进,邱国潮编著. 国外城市形态学概论. 南京:东南大学出版社. 2009. 第 11 页

普埃特（M. Poëte）则在 1933 年提出了一个非常不同的观点——形态产生的首要因素是功能，他认为人的需求是解释城市平面图何以形成的因素。[①] 此外，索瓦杰（Jean Sauvaget）以德国文献为基础，深入到远古的叙利亚城镇形态，并从中识别出幸存至今的古典街道模式。

3）二战后的城市形态学发展

二战以后的城市形态学出现了比二战前更为丰富的学术见解和更显著的成就。20 世纪末 60 年代初，建筑师沛纳海（P. Panerai）和卡斯特斯（J. CasteX）与社会学家德波勒（Jean-Charles Depaule）在凡尔赛一同创建了城市形态学派。他们声称该学派起源于爱莫尼诺·卡洛（Carlo Aymonino），阿尔多·罗西（Aldo Rossi）和玛拉托利（S. Muratori），并受到列斐伏尔（Henri Lefebvre）的影响。同时，以卡斯特（A. Chastel）和博顿（F. boudon）为核心的研究团体以普通建筑、普通建筑迁入城市肌理的过程及其对地块带来的变化为关注对象，依靠统计分析，评估属于特定地块的建筑形态、地块地形与城市肌理的演变过程。

芝加哥社会学家佩里（C. A. Perry）在 1929 年提出以"邻里单元"为城市规划的基本要素，并详细阐述了"邻里单元"理论。芝加哥学派核心人物帕克（R. Park），伯吉斯（Ernest Watson Burgess）和哈里斯（Chauncy Harris）等，运用社会学理论强调城市用地分析，先后提出同心圆理论（Concentric Zone Theory 1925）、城市地域扇形理论（Sector Theory 1939）和城市地域结构的多核心理论（Multi Nuclei Theory 1945）。艾里克森（E. G. Erichsen）随后总结了上述三种理论，提出了折衷理论（Combine Theory 1955）。

凯文·林奇（K. Lynch）在 1958 年通过研究城市意象，分析美国城市的视觉品质，关注城市景观层面的"可读性"与"可意向性"，提出城市形态由区域、节点、标志物、路径、边界组成。拉普卜特（Amos Ra Poport）在 1977 年揭示了城市形态的影响因素，建成环境对人的行为与心情的影响以及人类与环境之间的一些作用机制。之后，他着重研究了建成环境是如何被人感知并随

---

① B. Gauthiez. The history of urban morphology. Urban Morphology，2004,8(2)第 75 页

之发生变化。舒尔茨(Christian Norberg—schulz)在 1963 年提出了建筑学中的文化象征理论,并与 1979 年建立建筑现象学并对场所精神进行深入研究。雅各布斯(Jane Jacobs)在 1961 年提出"多样性"是城市的本质属性,反对城市"田园化"。亚历山大(Christopher Alexander)提出城市空间结构构成的复杂性,为城市空间的研究提供了新的方向,他还在俄勒冈实验中探讨了城市形态的自组织过程,在 1977 年提出了城市的组构模型。史密森夫妇(A. Smithson 和 P. Smithson)在 1968 年就呼吁人们关注城市基础设施,提出社区应该由"可感知单元"构成。

比尔·希利尔(Bill Hillier)在 1984 年创立了空间句法理论,强调了物质空间形态的人文属性,并运用运动经济学原理建立了一套计算方法和相应的计算软件 Depthmap,关于这一理论,后文还将详述。由于曼德勃罗(Benoit Mandelbrot)在 1975 年建立了分形几何学,巴蒂(Michael Batty)和郎格瑞(Paul Longley)随后将之引入了城市研究,并在 1994 年出版了第一部专著《分形城市》(Fractal Cities)。

4) 当代城市形态学发展

1996 年,国际城市形态论坛正式成立,来自各国的建筑学、地理学、历史学和城市规划学研究团体借此论坛进行学术交流和分享。成立以后,城市形态学越来越成为一门交叉学科,并且非常强调由必要的国际间合作来建立和完善该学科的理论基础。

对于城市形态学的研究,历来存在着不同的分类方式。若以研究方法的所在学科为依据进行划分,大体可分为地理学、建筑学、历史学、环境心理学、社会学、生态学与定量分析法。

地理学的方法,无疑是城市形态研究中最古老的一种,通常以文字和图片来描述城市形态的特征。其中,城镇平面图形态描述方法更可以追溯到弗里茨(J. Fritz)的论文中去。建筑学领域中,以类型学分析和历史文脉研究最为成果显著,前者重点关注建筑与开放空间的类型分类,解释城市空间形态并提出未来的发展方向。后者则关注于物质环境的自然、人文特色,力求在不同地域条件下创造有意义的环境。城市历史研究则分为三个支脉,一个研究城市历史形态演变过程,讨论其原因;另一个支脉关注普通城市环境,解释创造和改变城市的主要因素;最后一支研究社会经济框架对城市形态的影响。环境心理学的研究方法其代表人物有：杨·盖尔（Jan Gehl），凯文·林奇（Kevin Lynch）、怀特（William H. Whyte）、拉普卜特（A. Rapoport）和简·雅各布斯（Jane Jacbos）等，他们重视人的主观意愿和行为与环境之间的互动作用，试图了解人如何感知和理解环境，特殊环境的特征，人类行为的暗示作用，并尝试将环境与行为的各个方面都联系起来。社会学的分析方法，侧重于政治经济学和社会经济学两种。生态学分析方法则运用生态学原理着重分析建成环境与自然环境之间的关系，研究人类与大自然的依存适应。定量分析主要借助计算机，建立模型。从城市的不同层次进行分析，描述和定量城市形态的构成要素以及要素间的相互关系。其中较有影响的是空间句法、分形方法和元胞自动机技术。

空间句法是一种完全不同与传统城市形态学研究的方法，它是依靠计算机分析和制图，进行城市空间形态研究的方法。该方法的核心思想是"空间组构"（Space Configuration），对空间的排列方式与产生人的行为可能性之间的关系进行研究，并生成量化数据与模型。这项技术在分析人的行为以及分析空间的潜在用途方面非常有帮助。目前，该研究的焦点是运动轴线和可理解性，其最大的贡献在于指出：在一个城市或者城市片区中，人的运动模式在一定程度上由空间的网络拓扑结构所决定，而不与其他因素有关。目前在国内，关于空间句法的研究大部分集中在通过对空间句法的运用来对设计规划作出指导，研究城市区域空间的演进规律，以及具体研究某一类型城市空间的组织结构方面。在这三个方面做出突出贡献的有东南大学段进教授带领下的团队，他们在近几年发表了大量有价值的学术论文和著作，如与比尔·希利尔教授合著了《空间句法与城市规划》①，出版了《城市空间发展论》②、《城市空间发展自组织与城市规划》③等空间研究系列著作，运用空间句法的理论来探讨城市发展的规律。其中《空间句法与城市规划》着重介绍了苏州商业中心、南京红花机场、嘉兴城市中心和天津城市形态四个案例。此外还有大量相关论文和会议报告。国内对空间句法研究

① 段进，比尔·希列尔. 空间研究 3：空间句法与城市规划. 南京：东南大学出版社. 2007
② 段进. 城市空间发展论. 南京：江苏科学技术出版社. 2006
③ 张勇强. 空间研究 2：城市空间发展自组织与城市规划. 南京：东南大学出版社. 2006

的另一个分支,是对该句法本身的完善与解析,其中清华大学杨滔的部分论文较有代表性,如《空间句法与理性的包容性规划》①、《说文解字:空间句法》②和《空间组构》③,都是对空间句法本身的介绍和探讨,此外他还翻译了《空间是机器》④这一详细介绍空间句法理论的专著。另外,东南大学邵润青的《空间句法轴线地图在方格路网城市应用中的空间单元分割方法改进》⑤一文,则对轴线地图提出了改进建议。

在国外两年一度的空间句法大会和伦敦 UCL 大学的空间句法期刊(The Journal of Space Syntax)汇集了众多学者的研究成果与各个方向的探索。在城市空间组构探索方面,2012 年的第八届空间句法大会论文集中, Fakhrurrazl 与 Akkelies van Nes 在 Space And Panig. The application of Space Syntax to understand the relationship between mortality rates and spatial configuration in Banda Aceh during the tsunami 2004⑥ 中以班达亚齐市为例详细探讨了一座城市发生自然灾害(海啸)所导致的死亡人数与城市空间组构之间的关系,并提出灾后重建的合理构想。Safoora Mokhtarzadeh 等在 Analysis of the Relation Between Spatial Structure and the Sustainable Development Level. A Case Study from Mashhad/Iran⑦ 中以伊朗马什哈德为案例,分析空间组构与城市可持续发展状态之间的关系,并指出区域的集成度变化与可持续发展之间存在着积极的呼应关系。Priya Choudhary 与 Vinayak Adane 在 Spatial Configurations of the Urban Cores in Central India⑧ 中回答了两个问题:如何理解印度城市核心区建成环境的有机生长并对其空间组构进行定量化研究? 以及在印度文脉中,如何基于组构参量来理解使用者的偏好对行为的影响? Kayvan Karimi 在 A reflection

---

① 杨滔. 空间句法与理性的包容性规划. 北京规划建设. 2008(3):49-59
② 杨滔. 说文解字:空间句法. 北京规划建设. 2008(1):75-81
③ 杨滔. 空间组构. 北京规划建设. 2008(2):101-108
④ 比尔·希利尔著,空间是机器:建筑组构理论. 杨滔,译. 北京:中国建筑工业出版社. 2008
⑤ 邵润青. 空间句法轴线地图在方格路网城市应用中的空间单元分割方法改进. 国际城市规划. 2010(2). 第 62 至 67 页
⑥ 该文可见 Proceedings of the Eighth International Space Syntax Symposium,2012 网站
⑦ 同上
⑧ 同上

on "order and structure in urban design"①(2012)中谈到为何空间句法可以有助于理解伦敦在 1966 年大火后,经过重建的城市平面的产生。Eun Mi KONG 与 Young Ook Kim 在论文 Development of Spatial Index Based on Visual Analysis to Predict Sales② 中通过集成度数据的变化阐述了视觉空间如何影响零售业的兴衰和商铺的价值。这些论文都是运用空间句法来解析城市空间的某种现象或者空间演化的原因。

在针对空间句法理论与方法本身的拓展上,杨滔与比尔·希利尔一同发表的论文 The Impact of Spatial Parameters on Spatial Structuring③ 探讨了如何在不同的尺度下进行空间句法的运算,并分析了不同尺度下的空间如何通过自组织以达到街道之间的最佳连接状态。Daniel koch 在论文 Isovists Revisited: Egocentric space, allocentric space, and the logic of the Mannequin ④中则进一步分析了运用轴线、凸空间图和同视图(isovists)在解读空间组构时不同的侧重点与方式,并挖掘了同视图的应用。Seon Young Min 等人在 The Impacts of Spatial Configuration and Merchandising on the Shopping Behavior in the Complex Commercial Facilities ⑤中通过案例调查分析步行行人的行为在复杂商业空间中与 Depthmap 的组构参量数据间的关系,为在复杂空间中运用空间组构理论提供了数据支持。Thomas Arnold 在 Using Space Syntax to Design an Architecture of Visual Relations ⑥中就如何应用空间句法进行建筑设计进行了探讨,并提出空间句法有助于生成设计的基础并从而影响建筑的形态。

在现有方法理论的不足与改进方面,Paula Gomez Zamora 等则在 Activity Shapes: Analysis methods of video-recorded

---

① 该文章刊登于"The Journal of Space Syntax"2012 年第 3 期,资料来源 http://www.journalofspacesyntax.org/

② 该文可见 Proceedings of the Eighth International Space Syntax Symposium,2012 网站

③ 资料来源:http://www.sss8.cl/proceedings/

④ 该文可见 Proceedings of the Eighth International Space Syntax Symposium,2012 网站

⑤ 同上

⑥ 该文章刊登于"The Journal of Space Syntax"2011 年第 2 期,资料来源 http://www.journalofspacesyntax.org/

human activity in a co-visible space① 中运用摄影技术和空间形态学原理解析人类活动与空间占有之间的基本差异,并提出了运用"行为模型"(activity shape)和"行为形态"(activity patterns)研究人类活动的方法。Alasdair Turner 在 The Ingredients of an Exosomatic Cognitive Map:Isovists,Agents and Axial Lines? ②(2012)中对轴线图和 Depthmap 软件本身的误差与局限性做了大量的数据考察和分析。Michael J. Ostwald 在 Examining the Relationship Between Topology and Geometry: A Configurational Analysis of the Rural Houses (1984—2005) of Glenn Murcutt ③中也对使用拓扑原理进行空间分析的空间句法进行了小尺度上的考量,并指出在小尺度空间中(如一栋房屋内)对空间造成影响的不仅仅是拓扑关系,还包括了几何形状。

城市空间形态研究历经了近百年的时间,其发展流变难以尽述。但其中对于空间自组织、行为与空间的关系、城市形态的构成要素以及对空间的量化分析方面的研究成果,则为本文的研究提供了理论基础和技术支撑。

1.2.4　空间整合理论的研究

1)"空间整合"概念的源起

"空间整合"(Spatial Integration)一词源自经济学,最初用于欧盟经济共同体,表示通过市场的一体化达到经济提升。随后,"地域凝聚力"(Territorial Cohesion)这一概念越来越多的出现在欧盟的各类文件中,"空间整合"也随之获得了空间维度的思考。在欧盟对于空间规划的七项指标中,"空间整合"被作为其中一项指标明确提出。1997 年欧洲空间发展战略(ESDP)在荷兰诺德惠克(Noordwijk)首次发表其空间发展草案时,将"空间整合"描述如下:"空间整合可以衡量经济与文化相互作用的机会和程度,以及在区域间或区域内部反映出其自发合作的

---

① 该文可见 Proceedings of the Eighth International Space Syntax Symposium,2012 网站
② 资料来源 a. turner@ucl. ac. uk
③ 该文章刊登于"the journal of space syntax"2011 年第 2 期,资料来源 http://www.journalofspacesyntax. org/

程度,同时也可以表明,在不同地理条件下的交通连接水平。空间整合程度明确地被一些因素所影响,如区域中管理体系的效率、物理和功能性的互补以及文化和政策的冲突"。这一草案明确指出,"空间整合"是指区域与区域之间或者区域内部的机遇互动水平,它混合了两个方面,一是"机遇",二是"水平",涵盖了人口、经济、政治和社会环境的一切物理条件和制约因素。[①] 由此可见,"空间整合"的主要特征在于考察关系双方的"相互作用"与"合作程度"上。

　　"空间整合"的前提,在于区域之间的不平衡所带来的流动性。通常来说,这种流动性是不对称的,或者造成边界双方的差异增大和相互关系的日趋紧张,或者使空间趋于同一而使流动停止。例如当一方区域的人口明显高于另一区域,而两个区域的人居环境较为相似时,一方的人口就会流向另一方,当两个区域人口接近一致时,流动就会停止。边界双方的文化、经济等各项社会特征随着人口的流动而出现同一性,最终失去其原生的多样性。但是,如果人口密度高的区域,其人居环境明显优于另一区域,那么人口就会持续向密度高的区域流动,而加剧两个区域的差异,最终有可能使得一个区域因为人口密度过高而导致空间环境的崩溃,另一区域则因人口大量流失也走向崩溃。因此,"空间整合"首先需要分析双方的差异性,以及信息流、能量流的流动特征。而整合的目的在于使这种流动性成为一种可持续的互动,即对空间差异性的维护,和对不可持续流动性所产生的匀质空间的对抗。以上面的例子来说,就是维护和发掘不同空间系统的不同特征,不让某一空间呈现出绝对的压倒性优势,而是使不同的空间系统具有各自不同的特性,从而促使人口分流,流向各自适宜的空间。这种流动不是单向的,而是交互的,并由此形成有机的空间系统。

　　随着对不同领域相互作用这一概念的发展,"空间整合"在社会和人文学科方面发挥出重要的作用。对于这些学科而言,"空间整合"所涉及的双方,已不再是地理概念,而是通过社会分析所得出的抽象空间概念。它可能是经济、文化和社会环境等多重领域的叠加,可以被解读和划分,但不一定是静止的空间概

---

① 　Ph. DE Boe, C. Grasland. . . . Spatial Integration. Study programme on European spatial planning. 1999. 第 8 页

念。同样,能量流也不再局限于人口或者货币,而是指向更为广泛的领域,文化、艺术、思想、技术、生活方式等社会信息,都可以被视为能量流。而在这一层面上,整合的目标也进一步转化为对人类活动的多样性的维护,并建构更为稳定、可持续的人类社会体系。

在迪尔凯姆①的《自杀论》和拉采尔②的《政治地理学》中,明确划分了两种不同性质的整合,即"机械整合"与"有机整合"。"机械整合"是指一个系统内部的绝对匀质,例如:所有人讲同一种语言、信同一种宗教、使用相同的规范时,我们就可以认定这个社会具有高度的机械整合水准。而"有机整合"则是指系统内部的子系统之间存在一种可持续的流动关系,这种整合显然比前一种更为复杂,也更为科学。迪尔凯姆认为现代社会的整合正是系统内不同成员之间的能量的相互作用,是"有机整合"的增加和"机械整合"的衰退。

2)区域规划中的"空间整合"

区域规划中的"空间整合"主要是指对区域空间结构的一种人为干预。空间结构是区域发展的重要基础,通过对空间结构的调控可以调整区域的发展状态。区域空间结构的形成源自区域内外的政治、社会、经济、文化等因素的综合作用,它一旦形成,就会在相当长的时间内保持稳定。这种状态可被称为是宏观的"结构惯性"(这种宏观的"结构惯性"实际上又可以拆解为"区位惯性")当区域内外的各项因素发生变化时,区域空间结构也会缓慢调整,逐渐形成新的空间结构,这就是空间"自组织"。尽管,空间结构具有自组织能力,但是这种缓慢的转型,往往严重滞后于因素的变化,使得在相当长的一段时间内,空间结构阻碍了区域发展。因此,在某些条件下,人为的干预是必要的,可以加快空间结构的转型,使之迅速适应内外因素的变化。

区域空间整合包含两层含义:一是区域内部的系统结构优

---

① 迪尔凯姆(Durkheim,1858—1917),法国社会学家、人类学家。社会学的三大奠基人之一,《社会学年鉴》的创刊人,法国首位社会学教授。迪尔凯姆的研究奠定了社会学的基础,提出了社会学研究的主题和范畴,运用了科学的研究方法和研究视角,开创了实证主义、客体主义和科学主义,特别是定量研究的先河,使社会学成为不以其他学科为前提、独特而有价值的学科。

② 拉采尔(Friedrich Ratzel,1844—1904)德国地理学家,地理环境决定论的倡导者。在所著《政治地理学》中,把国家比做生命有机体,认为向邻国扩张领土是其生存的基本法则。

化,如区域城镇体系的调整、经济系统与生态系统的协调等;另一层是区域间的协调发展,如城市边缘区与中心区的协调,城市与城市之间的协调等。二者互为基础和目标,并相互影响。

区域空间整合的研究内容,包括系统分析区域客体间的空间相互作用所形成的空间集聚程度和集聚形态。其目标则是促成政治、经济、文化、人口、生态的网络一体化,顺应并加速空间"自组织"的进程,使之形成有机、可持续的区域空间结构。

3) 城市设计层面的"空间整合"

"整合是基于发展的需要,通过对各种城市要素关联性的挖掘,利用各种功能相互作用的机制,积极地改变或调整城市构成要素之间的关系,以克服城市发展过程中形态构成要素分离的倾向,实现新的综合。"[①]在城市层面的"空间整合"是将城市视为一个系统,研究其内外关系。就城市空间而言,它是城市巨系统下的一个子系统,对于城市空间的整合研究,其内涵在于对城市空间各要素的相互关系进行分析,对城市空间系统进行整理、重组,最终促成城市空间的连续性和完整性的过程。

城市发展到今天,持续不断的现代化创立了城市面貌,也同样使城市空间呈现动态、混乱的局面。不存在一种完全静止的城市空间结构,但在一定阶段内,在具体的特定条件下,城市空间系统应有怎样的内涵,各个空间要素拥有怎样的交互关系,则是可以分析和把握的。早期的功能主义对于城市历史性和多样性的漠视,导致了城市空间的同一和单调,以及场所精神的损坏。形式主义的城市设计,也无法有效指导城市空间复杂多变的因素关系。在有关城市空间形态的诸多研究中,新城市主义对当代城市的整合研究做出了极具启发性的探索,特别是在旧城区改造方面,提出了建设性的意见。它通过整合现代生活的诸多因素,如居住、购物、工作、休闲等,试图在更大范围内通过交通的联系,重构紧凑、便利、集约的混合型社区。

正如凯文·林奇所言"城市设计的关键在于如何从空间安排上保证城市各种活动的交织"。空间整合不同于空间设计,它是在现有条件的基础上,对空间的要素进行调整,使之吻合自组织规律,并达到可持续的良性发展。

---

① 刘捷. 城市形态的整合. 南京:东南大学出版社,2004. 第 58 页

4）国内空间整合研究的成果

信息的流通与交通的便捷使得城市空间无法保持封闭的格局而向开放结构转型，随着信息流、物资流、资金流的运转越来越流畅便利，城市每个区域都与其周边区域的关系越来越密不可分，城市网络化的趋势日益明显。其至在某些地区已经出现了城市密集区、城市群落等，理论界也就这些现象提出了相关的研究观点和理论，用系统的观念来理解城市的区域化。

在城市内部，这一网络化趋势更加迅速。已有一些学者对这一现象进行了相关研究并发表论著。主要有以下几类：

针对城市空间中的某一特定类型，进行整合研究：如汪霞的《城市理水——基于景观系统整体发展模式的水域空间整合与优化研究》①针对城市中的水域这一特定空间进行研究，提出对水景观、水资源的整合理想模式；冯维波的《城市游憩空间分析与整合研究》②对重庆市都市区的游憩空间提出了相应的整合框架，包括价值取向、整合机制、整合模式、整合方法、整合策略、整合步骤等；还有李包相的《基于休闲理念的杭州城市空间形态整合研究》③；金俊的《理想景观——城市景观空间的系统建构与整合研究》④；江俊浩的《城市公园系统研究——以成都市为例》⑤等。这类研究通常是基于系统论，对城市内的某一类空间，进行空间与空间之间的系统设计，而不对这一类空间的个体内部关系进行过多探讨。

针对特殊环境下的公共空间进行整合的研究有黄健文的《旧城改造中公共空间的整合与营造》⑥，此文在系统理论的基础上，深入分析公共空间系统的要素整合与网络营造，推动现有旧城改造中公共空间的设计理论发展；曲蕾的《居住整合：北京

---

① 汪霞. 城市理水——基于景观系统整体发展模式的水域空间整合与优化研究. ［博士学位论文］. 天津：天津大学建筑学院,2006
② 冯维波. 城市游憩空间分析与整合研究. ［博士学位论文］. 重庆：重庆大学,2007
③ 李包相. 基于休闲理念的杭州城市空间形态整合研究. ［博士学位论文］. 杭州：浙江大学,2007
④ 金俊. 理想景观——城市景观空间的系统建构与整合研究. ［博士学位论文］. 南京：东南大学,2002
⑤ 江俊浩. 城市公园系统研究——以成都市为例. ［博士学位论文］. 成都：西南交通大学,2008
⑥ 黄健文. 旧城改造中公共空间的整合与营造. ［博士学位论文］. 广东：华南理工大学,2011

旧城历史居住区保护与复兴的引导途径》①；王健的《城市居住区环境整体设计研究——规划·景观·建筑》②；蒋邢辉的《大学校园与周边环境整体营造研究》③。这一类研究的特点在于，将视点放在城市空间的地理区域特殊性上，针对具有某一特殊属性的区域，对其内部的所有相关空间进行整合，以达到提升该区域的整体空间品质的目的。

此外还有以某一目标为前提进行规划整合研究的，如汤玉雯的《基于历史文化资源整合的小城镇规划设计研究》④、王鹏的《城市公共空间的系统化建设》⑤；以整合理论本身为研究对象的，如陈天的《城市设计的整合性思维》⑥，以及大量以城市带、城市密集地区为对象的区域空间整合研究，如张伟的《空间规划体系研究——以京津冀都市圈区域规划为例》⑦，此类研究多以区域规划为背景或研究目标，在此不多做赘述。

综上所述，建筑遗产保护、城市空间形态与空间整合三个方面的研究成果都可谓硕果累累。不过，以空间自组织理论为基础，运用空间句法进行建筑遗产与城市空间之间整合关系的研究尚不多见。本文正是运用这一理论，并将视点放在建筑遗产空间组群与城市空间组群的关系上，来研究两个不同的空间系统之间的相互影响与作用。

① 曲蕾. 居住整合：北京旧城历史居住区保护与复兴的引导途径. ［博士学位论文］. 北京：清华大学,2004
② 王健. 城市居住区环境整体设计研究——规划·景观·建筑. ［博士学位论文］. 北京：北京林业大学,2008
③ 蒋邢辉. 大学校园与周边环境整体营造研究. ［博士学位论文］. 广东：华南理工大学,2005
④ 汤玉雯. 基于历史文化资源整合的小城镇规划设计研究. ［硕士学位论文］. 西安：西安建筑科技大学,2010
⑤ 王鹏. 城市公共空间的系统化建设. 南京：东南大学出版社,2001
⑥ 陈天. 城市设计的整合性思维. ［博士学位论文］. 天津：天津大学,2007
⑦ 张伟. 空间规划体系研究——以京津冀都市圈区域规划为例. ［博士学位论文］. 北京：中国科学院地理科学与资源研究所,2006

1.3 概念的界定

1.3.1 建筑遗产

在我国最新的《文物保护法》(2002 年 10 月修订)中规定:"古文化遗址、古墓葬、石窟寺、石刻、壁画、近代现代重要史迹和代表性建筑等不可移动文物,根据它们的历史、艺术、科学价值,可以分别确定为全国重点文物保护单位,省级文物保护单位,市、县级文物保护单位"。"有比较完整的历史风貌;构成历史风貌的历史建筑和历史环境要素基本上是历史存留的原物;历史文化街区用地面积不小于 1 hm²;历史文化街区内文物古迹和历史建筑的用地面积宜达到保护区内建筑总用地面积的 60%以上"的保护对象,可以用古建筑、古遗址、古墓葬、石刻、壁画、近现代重要建筑和历史文化街区来描述。在这些类别中,除了石刻、壁画,其他均可视为建筑遗产。

此外,《历史文化名城名镇名村保护条例》中又指出"历史建筑,是指经省、市、县人民政府确定公布的具有一定保护价值,能够反映历史风貌和地方特色,未公布为文物保护单位,也未登记为不可移动文物的建筑物、构筑物。"这其中所提到的历史建筑,可以说是对《文物保护法》中的文物建筑的补充。历史建筑依然属于建筑遗产的范畴。

建筑遗产是以上两部分的综合,但由于本文的研究重点在于建筑遗产作为城市空间中的一个空间子系统,与其他空间系统的相互作用,以及其在所处空间体系中对该空间体系整合度的影响。因此重点探讨的是城市空间变化较明显的地区内的建筑遗产与其所处城市空间的关系。具体到西安市,本书重点研究西安三环以内的建筑遗产,其中包含了古遗址、古建筑和历史构筑物几种类型。

1.3.2　建筑遗产空间

　　建筑遗产空间包括建筑遗产本体所占有的空间和受到建筑遗产本体直接影响的其他空间。所谓受到直接影响的空间,是指在视线上可以直接看到或者路线上可以直接到达的空间,也就是距建筑遗产本体所占有空间单元的拓扑距离为"0"的空间单元。因此,建筑遗产空间在本书中是指一种由多个空间单元所构成的空间组群,该组群以建筑遗产为核心,是受到建筑遗产影响最为明显的空间组群。

　　建筑遗产空间组群在整个城市空间体系中,往往有着特殊的视觉地位和空间特征,并且因其空间组群内部各空间单元之间关系的不同,而使得建筑遗产的影响范围和影响方式也有所不同。同时,这一空间组群也往往因建筑遗产本身的重要性,而在城市空间体系中具有较为显著的空间地位,它们对周边城市空间的影响作用也不容小觑。

1.3.3　城市空间

　　在广义相对论之前,人们将空间更多地理解为一种固定不变的客观存在,这种客观存在与其内部发生的事件没有直接联系,而是相对孤立的。但随着广义相对论在各个学科领域发生影响之后,空间不再是一个孤立静止的客体,人们逐渐认识到,它自身的主动性和原发性。在此基础上,城市规划与建筑学学科都衍生出新的空间认识论,并且对空间自身的演化规律和空间与实践的相互作用关系展开研究。

　　列斐伏尔认为城市空间是意识形态的产物而且具有生产性。传统的规划学科将城市空间视为研究的客观对象,把空间视为文脉或精神的再现。而列斐伏尔则指出城市空间形式不是完全客观的,它不仅是各种历史与自然因素的产物,也是社会的产物、意识形态的产物,是由物质实践所组成的一种社会结构。因此对于城市空间的规划与设计不再是一种单纯的科学技术,而必然混杂着意识形态。列斐伏尔在《空间的生产》(The Production of Space)一书中不仅论证了空间具有政治属性,而且还具备生产性。城市空间不仅仅是社会关系与活动的客观容器或者静止平台,还可以反作用于社会活动。本书所涉及的城市空间,正是这样一种同时存在于客观和主观意识中的结构,既由社会活动所创造,也对社会活动发生作用的复杂体系。

在本书中,城市空间更多地被描述为"城市空间组群",以强调其系统性和动态变化。在"城市空间组群"中包含有大量更小的空间组群,它们是城市空间的子系统,建筑遗产空间组群就是其中之一。如果再细分,则所有的空间组群都由大量"空间单元"构成,每一个空间单元都是一个"凸空间"①。

1.3.4　空间整合

如前所述,城市设计层面的空间整合,其内涵在于对城市空间各要素的相互关系进行分析,对城市空间系统进行整理、重组,最终促成城市空间的连续性和完整性的过程。而对于空间整合的途径则有许多,有些学者从城市能量流的角度进行空间整合,有些学者则从城市空间形态的角度进行整合,也有学者从经济、生态、文化等途径进行整合。

本书的空间整合研究是从空间关系的角度出发,分析空间巨系统与其子系统之间的作用关系,评测这一关系的作用结果和趋势,如果作用结果及趋势呈良性,则认为空间子系统与巨系统之间的关系是整合的,反之则视为不整合,并进一步提出调整建议。因此,本书空间整合的概念是指空间母系统与各空间子系统之间存在着良性的影响和动态演变关系。

---

① 凸空间是指该空间内部任意两点之间没有视觉障碍

1.4　研究的目标与意义

1.4.1　研究目标

本研究的阶段性目标在于：

分析对城市空间组群整合性产生作用的影响因子。

确定各个影响因子的影响层级与影响力度。

调查研究建筑遗产空间组群对城市空间组群的影响作用，并对之作出评价和预测。

通过调整建筑遗产空间组群的内部关系和它与城市空间的关系，最终使城市空间组群获得更好的整合度。

本研究的最终目标为：

从空间关系的角度，形成对城市空间整合度的量化分析方法，从而更准确地分析城市问题产生的原因。

1.4.2　研究意义

本研究的意义在于以下几点：

首先，对西安的建筑遗产再利用实践做一次考察，总结经验，为改善西安城市面貌提供参考意见。从早期的第一轮整体规划，到目前的第四轮规划，西安市已经实施了大批建筑遗产保护与再利用项目，在全力实施项目的同时，对实施的效果却缺乏相应的考察。本书通过实地调研和数据分析，对西安市已经实施完毕，并且运行了一段时间的建筑遗产保护与再利用类型的项目进行调查，分析其是否起到了所预计的、带动城市空间发展的作用，并对结果做出一定的解释。这项考察的研究结果，对西安市以及全国其他城市的建筑遗产保护项目有着借鉴意义。

其次，从空间关系的角度考察建筑遗产再利用的结果。目前,对于建筑遗产再利用的讨论已经在方方面面展开,但从空间关系的角度进行讨论的研究并不多。本研究正是从这一角度,对建筑遗产再利用的结果作出评价。这一思路,为建筑遗产再利用研究提供了新的衡量标准,拓展了这一领域的研究角度和方法。

再次,本研究尝试运用空间自组织理论,来梳理建筑遗产与城市空间的矛盾,为这一领域的研究提供了新的方法,并提出解决问题的思路。空间自组织理论在城市研究方面已有大量的应用,但是在建筑遗产空间分析方面,以及在建筑遗产对城市影响的研究方面,还没有相关的运用。然而,空间自组织力普遍存在于所有空间系统中,并始终发生作用。因此,将空间自组织理论运用到对建筑遗产空间的研究中是十分必要的,有助于我们更为全面和系统地理解建筑遗产在城市历史中的演变,以及它对城市空间所产生的潜移默化的影响。这也有助于我们更合理地利用建筑遗产空间,营造更美好的城市生活。

最后,本书将空间句法引入空间整合研究,为整合研究提供了新思路。空间句法一直被用来进行设计或规划方案的评测比较,以及对城市规划、区域规划提出参考建议,而空间整合研究也通常在定性层面展开。本书则将二者结合,对空间整合提出了定量化的方法,同时也开拓了空间句法的应用范围,对二者都有着开拓意义。

1.5 研究的内容与方法

1.5.1 研究内容

本书的研究对象是建筑遗产空间及其周边城市空间。理论研究部分包括了城市空间整合度的影响因子及其权重的分析，研究范畴限定在空间关系上。实证研究的地理范围是西安三环以内至西安城墙以外；时间范围是以建筑遗产开发的年代（大多数在 2000 年）为一个时间节点，现状（即 2012 年）为另一个时间节点。具体的研究内容分为以下几个部分：

第一部分为背景研究，包含了第 1 章和第 2 章。第 1 章主要概述了研究的缘起。初步描述了目前国内城市空间所存在的问题；建筑遗产的现状和西安作为范例的合理性。第 2 章对城市空间的问题进行了进一步的分析，同时对建筑遗产的作用进行探讨，研究了二者在共同发展方面所存在的可能性，并进一步指出共同发展的目标和原则。

第二部分即第 3 章为理论研究，针对"空间整合"这一概念进行了理论基础、理论模型和分析方法方面的研究。明确城市空间整合的影响因子，因子的影响层级与权重；空间整合的量化计算方法；城市空间整合度的比较方法；以及建筑遗产作为城市空间子系统的影响度分析方法方面的研究。

第三部分即第四章为实证研究，以西安为范例，对西安市内的三处城市空间组群进行具体的案例分析。从空间组群（母系统与子系统）的整合度变化；子系统对母系统的静态影响以及子系统对母系统的动态影响三个方面进行具体研究，对二者的影响和演变关系做出总结和预测。

第四部分是结论。本书在第 5 章归纳整理了西安建筑遗产对城市空间的影响作用，并分析其成因，提出相应的优化思路。

第 6 章是全书的结论，提出了系统的、针对建筑遗产空间组群与城市空间演变及其内部影响作用的研究方法，并进一步指出该方法的适用范围、不足之处和可能拓展的方向。

1.5.2 研究方法

根据阶段性研究内容和目标的不同，本研究采取了以下几种研究方法：

1) 实地调研

通过实地调研，对空间使用人数、犯罪及反社会行为的数量与发生地点进行统计，测算整合度的一部分三级影响因子的影响权重。通过实地调研，帮助确定研究案例的边界，并对卫星照片进行修正，已生成研究对象的可达空间平面图。

2) 社会调查

通过社会调查，获知城市空间所存在的问题。通过社会调查（主要为调查问卷的形式），获得研究的地理范围和时间范围的确定依据，以及案例的选取依据。通过社会调查的结果，测算整合度一级影响因子的权重。

3) 软件分析

使用 Depthmap 软件，可获得空间属性的基础数据；使用 Excel 软件，将社会调查和实地调研的结果演算为影响因子的权重。

4) 文献分析

通过文献分析，完成理论研究的一部分。在实证研究部分，则将文献分析结合实地调研与社会调查的结果，确定研究案例的地理边界与时间节点。

5) 数据对比

通过数据对比，完成空间系统的整合度演变分析；子系统对母系统的影响分析，以及演变趋势的预测。

1.6 研究创新点

本文的创新点如下：

1）从空间组构的角度分析建筑遗产空间对城市空间的影响作用

无论我们对建筑遗产再利用与否，它都会对城市空间产生影响。对于建筑遗产的作用和影响方面的研究已有很多，但从空间关系的角度进行讨论的研究并不多，直接运用空间组构理论将建筑遗产视为城市空间内部的一个子系统，对其影响作用进行分析的研究目前还有所欠缺。本研究正是从这一角度，对建筑遗产对城市空间的作用过程和结果作出评价。这一思路，为建筑遗产再利用研究提供了新的衡量标准，拓展了这一领域的研究角度和方法，并对建筑遗产与城市空间之间存在的矛盾与问题找出了更为深层的解答途径，有助于更为准确、合理的分析和解决问题。

2）将空间句法引入整合研究

空间句法一直被用来进行设计或规划方案的评测比较，以及对城市规划、区域规划提出参考建议，而空间整合研究也通常在定性层面展开。本书将空间句法运用于空间整合研究，对空间整合提出了定量化的方法，更便于对空间的整合度进行标准化的评价，同时也开拓了空间句法的应用范围。

3）利用建筑遗产空间优化城市空间的整合度

对于建筑遗产的利用，我们通常考察其在空间功能、建筑风格以及艺术、历史、文化与经济、旅游方面的贡献作用，而不在其对空间关系的作用方面进行考量。本书则通过考察建筑遗产空间的内外空间关系，提出可以利用建筑遗产对城市空间的整合度进行优化，为建筑遗产的价值提供了新的考察项，找出了建筑遗产对当代城市空间的另一个重要作用途径，事实上，该作用也是建筑遗产空间的一项根本属性。

1.7 研究内容框架图

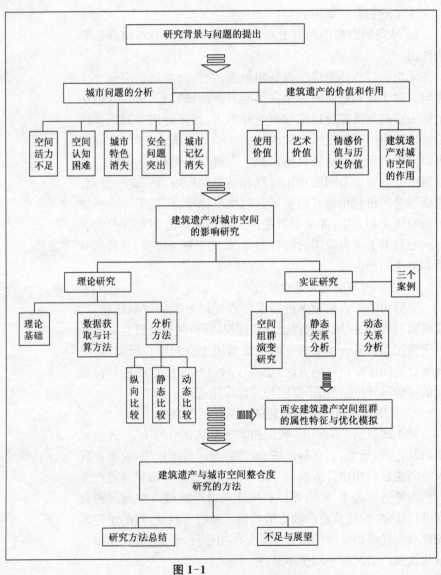

图 1-1

第 2 章

城市空间的问题与建筑遗产的作用

2.1 城市空间问题的分析

2.1.1 空间活力不足

英国城市学家埃比尼泽·霍华德(Ebenezer Howard)在 19 世纪末创立了一套完整的城市规划思想——"花园城市",这套思想的基本思路是将城市功能进行分类和分离,并以相对自我封闭的方式来安排这些用途。霍华德的思想在 20 世纪的美国产生了重要的影响,随后路易斯·芒福德(Louis Monford)、克莱伦斯·斯坦恩(Clarence Stern)等人进一步发展了这个思想。他们进一步将大城市非中心化,也就是进一步分解,将其中的一部分企业和人口疏散到新的城镇中去。在他们的规划中,街道或者其他公共空间对人们来说并不是一个好的场所,因此住宅应该背向街道,面向隔离绿化带。城市设计的基本要素并不是街道,而是街区,过多的街道是一种浪费。规划必须对街区内的居民和他们的所需有着准确的计算,住宅区内要尽量避免陌生人的出现,以营造出一种田园郊区般的隐秘感觉。非中心主义者们也强调了规划后的社区应该是一个自给自足的独立"王国",每一处细节在一开始就要得到很好的控制。

霍华德认为好的规划是一个静态的、事先预定好的行为和目标,必须能够预见到日后人们所需要的一切。从本质上来说,霍华德的规划思想有一种"家长式"的意味,他规划了所有他认为合理的生活,而对他不感兴趣的部分,例如互动的、多方位的文化生活和人们之间的各种交流——公共生活不予理睬,因为这些不是他认为需要的生活组成部分。霍华德的规划设计思想对美国的影响非常深远,也给美国城市带来了不少问题,公共空间的活力丧失就是其中最为明显的一个。在国内尽管他的规划思想并不像在美国那样,在一开始就受到人们的追捧,但有趣的是,国内地方政府和许多规划师的设计思路却与他不谋而合。受到"花园城市"这一美好标题的吸引,同时"家长式"思想与"官本位"思想的不谋而合,国内的各大城市在城市发展的过程中,不约而同的采取了向外扩张、分解的模式,建设了大规模封闭管理的内向住宅区,隔离那些低收入、使用廉价房屋的市民,将他们慢慢排挤出城市中心区,同时保护所谓"高档小区",大量使用门禁并使小区内部形成一个自给自足的小王国。这些措施逐步扼杀了城市的公共空间,在城市的新建成区域尤为明显。行人稀少的街道,无人问津的广场,这些公共空间设施齐备、面积充裕但就是没有人的活动发生。

简·雅各布斯在《美国大城市的死与生》中对霍华德的"花园城市"进行了严厉的批判。她指出城市的发展方向不是对城市问题的逃避和对乡村的缅怀,城市应该有与乡村完全不同的生存特征。其中对于城市活力、对于公共空间都应有相当的重视。"一个每块石头背后都有一个故事的景观很难再去创造新的故事。"[①]而城市正是一个不断需要新故事的场所,公共空间持续不断的活力才能保证"故事"的不断发生。

人的行为活动必然需要一定的空间,那么,将人的行为活动放在怎样的空间中,是一个非常重要的问题。影响城市空间活力的要素很多,人的活动本身、交通的穿梭、事件的性质、季节的转变、甚至植被的变化都参与其中,但最重要的还是人的活动与空间之间的适宜。并不是每一个经过设计的公共空间都能取得预期的效果,因为人们的心理会寻求适合于自己要求的环境,而行为也趋向于发生在最能满足它要求的空间环境中,只有将活动安排在最符合其功能的场所内,才能创造出良好的城市空间。人的行为与空间的相互依存构成了城市设计的一个重要课题,二者能够相互适宜则事半功倍,反之则会使设计后的城市空间变成一处消极场所。从空间的角度出发,研究行为应该在怎样的空间中发生,可以从空间的角度解决行为与空间的矛盾,调节行为与空间的关系。对于这一问题的解决首先要弄清楚某些空间形成消极场所的原因。解决的思路是探究城市空间的深层关系,同时分析建筑遗产空间在其中扮演了怎样的角色,并通过调

① 凯文·林奇.城市意象.方益萍,何晓军,译.北京:华夏出版社.2001.第4页

整空间关系来使得城市空间具备被更多人探访的空间特性,从而解决城市空间活力不足的问题。

2.1.2　空间认知困难

时下,另一个困扰城市空间使用者(包括固定居民、短期住客和游客等)的问题是对城市场景的迷惑。在城市新建城区内,太多相似的街道、建筑;高层遮挡了远处的天际线仅留下头顶一小片空间用来辨别方向,这些都造成了城市空间难以被快速识别和掌握的问题。

由于受到旧城环境及设施的制约,城市现在正以前所未有的速度向外延伸。在我国,城市延伸有三种典型的扩张模式:单中心块聚模式、主—次中心组团式模式、多中心网络式模式。

单中心块聚模式主要分为两种表现形式:一是集中式同心圆;二是轴线带状扩展模式。前者是以原有的主城区为核心,以同心圆式的环形道路与放射形道路作为基本骨架的"圈层式"分层扩展,俗称"摊大饼"式的扩展,这一扩张模式是我国城市空间增长的典型模式。后者是由交通沿线具有潜力的高经济性所决定的,或者城市可能受地形的限制,而在城市增长过程中主要沿着对外交通体系的主要轴线方向成带状发展的模式。

主—次中心组团式模式主要有三种:一是跳跃式组团,它是一种不连续的城市扩展方式。这种模式的特点是:打破原有的圈层模式,用分散替代集中,培育和发展几个城市次中心,并结合它们各自原有的优势和特点制定其发展战略,实现城市地域功能结构的重组。二是卫星城模式,这种模式常与城市圈层划分及环行绿带控制同时实施。卫星城既分担中心城市的部分功能,又承担本地区的综合功能,与中心城市形成分工与协作的关系,从而构成功能更为强大的整体;三是开发区模式。它是依托现有城市,采用成片开发成新区形式的建设,主要类型有经济技术开发区、高新技术开发区、保税区、国家级旅游度假区等,目前西安市新建的部分区域就采取了开发区的模式。

多中心网络式主要有两种形式:一是簇状城市(或称边缘新城)模式。这种模式的出现是由于随着卫星城公共服务设施、市政基础设施的完善和生态环境的改善,其城市职能更加丰富,竞争力越来越强,逐渐形成了边缘新城。二是城市带模式。城市带的出现是由于在地域上集中分布了若干中心城市积聚而成的庞大的、多核心、多层次的城市群。城市带是大都市的空间联合体,是城市化发展到高级阶段的城市地域空间组织形式。

然而,不管是那种城市模式的扩张,新城市区域的规划建造及商业中心不断兴起,都伴随着城市中新面貌的出现。在城市改造、道路扩建过程中,追求效率、便利性、经济性的结果,是使得城市间的差异变小,道路景观也趋向一致。城市景观的同一使得城市空间中的人们辨别能力减弱,方向及区位的判别准确性降低。由于中心地段的交通拥挤增加了人们出行的时间成本,使得外围的社区要绕着市中心外围修建环城道路,而市中心的人群对外围资源的寻找又生成了放射状的路线。由于寻路使用成本最低原则,新修建的道路会自然地连接原有的道路来减少修建长度。于是棋盘格路网、放射性路网的城市规模不断扩大,几何规划从一个城市的一个区域发展到另外一个区域。经过几何规划的城市,多少具有了分形现象,这样的道路体系再加上高架桥和大型盘道使得人们不能轻易走错,因为在一个路口走错就有可能差上十几公里,如果是步行则更要依赖于准确的判断。

人们对于城市空间整体的判断,只能来自于视觉所能及的有限的空间局部,因此如何通过有限的空间局部来更准确、更快速地传达空间整体的信息就显得十分重要。对于城市,尤其是城市新建城区域内的迷路问题的解决,除了依赖先进的信息识别系统、导向标志和对城市景观的差异化塑造以外,充分利用空间关系本身的特性来传达更准确翔实的空间信息,无疑是一个相对省钱省力的途径。

2.1.3　城市特色消失

当人们在谈论一座城市有无特色的时候,往往是将城市作为一个整体的系统来认识的。因此,城市特色不仅包括了城市的物质形态方面的特征,还涵盖了城市的社会文化、历史传统等精神层面的内容,它实际上包含了城市系统的方方面面。

城市自诞生之始就是一个复杂的巨系统,既具有自身的组织规律，也有着人为力量的干扰。人的因素始终参与其中，增加了城市发展过程的偶然性与不确定性，城市形态就是这两种力量相互交织影响下而发展形成的复杂结果。在过去，一方面，人们的活动很大程度上受到自然条件的极大限制，没有能力对自然的地形和气候条件进行太多的改变，人们的生活习惯、文化信仰、建设活动等更多的是采取利用和顺从的态度，所以其结果必然表现出很强的地域性特色。再加上由于交流不便，因此一个地区所形成的特征很难影响到其他地方，这也保护了特色的唯一性。另一方面，同样受到技术条件的制约，城市（更早以前也许仅仅是人口的聚居区）的形成经历了漫长的过程，在其间，自组织规律有着充分的调适时间来消化和吸收人为的干扰，并逐渐达成一种较为稳定的动态平衡。相对而言，人为力量的干扰是相对较为弱势和依附于自组织规律的。因此，城市特色一旦形成以后，也较难发生改变。

而现在，一方面技术工业对于自然力的超越和信息的大量流通，使得全球化、工业化成为我国当代城市发展的主要动力。其中，全球化造成城市面貌趋同已为人熟知，而工业化其实也具有同样的作用。因为工业生产的本质是规格化与机械化地复制，当其技术、生产与管理模式作用于城市建设时，就令城市空间面貌更加易于趋同。传统城市是经过了长期的自组织发展，才形成了功能适宜、环境和谐的城市形态。而现代经济、科技的快速发展，新事物层出不穷，城市形态变化周期缩短，自组织适应的过程始终无法从容进行，因此来不及积淀形成自己的特色就随波逐流了。自组织速度完全跟不上他组织，使得城市特色无法形成并且稳定下来，这是外因。另一方面，近代以来，我国一直进行着从传统农业文明向现代工商文明的被动转变。这是自秦代以来2000多年未遇过的大转型。遗憾的是，在这场大转型中，我们虽已打破了曾经桎梏我们的旧价值观体系，但是至今也未能建立起适应社会新发展的新的价值体系，更谈不上思想文化、制度文化与物质文化的匹配发展。因此，人的创造行为就无法凝聚成自觉、持久的创造力，自然无法形成真正有效的、有根基的城市特色，这是内因。

不过，面对这样的现状，我们也未必全然束手无策。城市特色是人的社会实践活动作用于自然环境的结果，经过一定时间段的整合与累积而形成的。实践活动、自然环境及时间便是城市特色形成与发展的三大基本因素。自组织规律有它的运行时间,新的文化价值体系也需要一定的时间来形成,这些不是人力能够决定的。而自然环境是形成城市特色的基础与原料,对城市特色的形成与发展具有促进或制约作用。但它只有与人的社会实践活动发生关联与互动、符合人们生活需求与审美体验时,才可能成为城市特色的构成元素。所以,时间因素不能由我们改变,而自然环境并不是城市特色形成与发展的决定因素,我们能够改变和影响的只有实践活动。

那么,在目前,解决城市空间特色消失这一问题的途径就是提高人在城市空间中的实践活动频率,增加有利于人的社会活动的城市空间,由此促进城市空间特色的形成,或者说提高城市空间特色形成的可能性。

2.1.4　城市安全问题突出

在我国经济快速发展及城市化进程加速的今天,城市规模不断扩大、人口急剧膨胀,这种高速发展不断打破城市社会系统与自然系统之间存在的既有平衡,城市固有的弊端和新产生的矛盾也进一步交织激化。加上我国当前正处于从传统社会向现代社会快速转型的过程中,城市社会矛盾、社会问题突出且并发症层出不穷。城市资源耗竭、贫富差距增大、劳动力供求不平衡、社会控制力弱化、价值观不稳定等矛盾冲突的不断滋生,激发产生出大量犯罪现象和反社会行为,直接影响了城市经济、社会、文化的发展和人民群众生活水平的提高,城市安全问题日益凸显。

据统计,我国上世纪 70 年代中期每年立案约 50 万起,到 1979 年突破了 60 万起(1979 年当年为 63.6 万起),10 年之后的 1989 年更是突破了百万大关,达到 197 万件,至 1991 年又增至 236 万起[①],其中绝大多数案件发生在城市。从 1996 年到 2006 年十年间,全国公安机关立案的刑事案件从 1 600 716 件

---

① 邓天. 上海市浦东新区停车场空间环境与犯罪关系研究. 同济大学硕士论文. 2008. 第 1页

上升为 4 653 265 件,增长了近 3 倍。① 这些城市恶性事件给市民带来的恐惧心理与日俱增,城市安全隐患成为必须解决的问题。

简·雅各布斯最早注意到城市空间对犯罪行为的影响,她指出,传统的街道、人行道对于抑制犯罪等不当行为,确保空间安全具有良性的作用。随着人口增长及工商业的发展,美国大城市中空间的垂直化、郊区化发展格局破坏了传统的空间形态及其所承载的社会生活模式,造成人际关系冷漠化,从而减弱了对犯罪具有抑制作用的社会非官方自然监控能力。城市空间中的治安死角增加,导致了城市犯罪率直线上升。从防止犯罪的角度出发,公共空间与私人空间应具有明确区分,同时街道的天然居住者必须能够观察到街道上发生的行为。街道上必需总有行人,这样可以增加街道的监控力,也可以吸引临街建筑内居民的注意力,从而保证"街道眼"(Eye on the Street)等自然监控力量的作用,提高人际关系和市民的社会责任感。之后,建筑师奥斯卡·纽曼(Oscar Newman)进一步细化了雅各布斯的观点。他通过对居住区的犯罪研究,在 1972 年《可防卫空间:通过城市设计预防犯罪》(Defensible Space:Crime Prevention Through Urban Design)一书中提出了可防卫空间理论,认为对犯罪具有抑制作用的空间应具备四个要素:领域感(Territoriality)、自然监视(Natural Surveillance)、意象(Image)和周围环境(Milieu)。② 2007 年比尔·希利尔教授也在《空间是机器——建筑组构理论》一书中,通过大量研究指出反社会行为与空间之间的关系:"这些行为不会在整合度最高、(且)自发人流最多的空间聚集,也不会聚集在最孤立的空间中,而是聚集在那些自发人流不多而空间整合度最高的轴线附近。空间的反社会利用看起来在寻找那些没有自然人流占据的最高整合度空间"③。

尽管,一个城市的安全依赖于很多方面的因素,但是空间始终是一个值得关注的因素,如果能够从空间设计的本身消解犯

---

① 李雪. 城市开放空间的环境特征与城市犯罪的关系. 合肥工业大学硕士论文. 2011. 第 1 页

② Newman O. Creating Defensible Space[M]. Washington:U. S. Department of Housing and Urban Development Office of Policy Development and Research,1996:9-30

③ 比尔·希利尔著,空间是机器——建筑组构理论(原著第三版). 杨滔,译. 北京:中国建筑工业出版社. 2008. 第 120 页

罪和反社会行为产生的潜在可能性,那不仅可以节省由于预防和惩罚措施所消耗的人力物力,更可以提高城市空间内居民的归属感和社会责任心。

2.1.5 城市记忆消亡

当阿尔多·罗西(Aldo Rossi)以荣格(Carl Gustav Jung)的"集体无意识"概念为基础,提出了"城市记忆"这一观点时,他将城市视为"集体记忆"的所在地,交织着历史与个人的回忆。当个体或集体的记忆被城市中的某个片段所触发时,过去的故事就会连同个人的记忆和秘密一同呈现出来,个人的城市记忆虽然各有不同,但是整体上却具有血源的相似性。因此,不同的人们对同一座城市的意向在本质上具有类似性。正是通过对这种"类似性"的研究,罗西从心理学角度提出了认知城市记忆和延续城市记忆的方法论,也就是"类型学"。他提出类型是人们生活的产物,而建筑形式是对这些生活方式的物质体现。之后,罗西又发展了场所概念,提出场所不仅仅是物质环境,而是既包括了物质真实,也包含了发生过的事件;场所不仅由空间位置决定,还由不断在这一空间内发生的事件所决定,而且每一个事件都包含了对过去的回忆和对未来的想象。这样,罗西将形式和场所、空间和时间有机地结合在一起,深刻的解释了城市既是一个自主独立的主体,也是人类生活的舞台,而对历史的记忆是城市不可或缺的组成部分。

柯林·罗(Colin Rowe)在《拼贴城市》中引用加塞特(José Ortega y Gasset)的话来说明历史对于人类的重要性,"简而言之,人没有本质:他所拥有的是……历史。换而言之:正如本质是属于事物的,历史、丰功伟绩是属于人类的。人类历史与'自然历史'唯一的根本区别是前者绝对不可能再来一遍……黑猩猩、猩猩与人类的区别不是在于所说的严格意义上的智慧,而是因为它们没有记忆力。每天清晨,这些可怜的动物必须面临几乎完全忘却它们前一天生活过的内容……同样,今天的老虎与六千年前的一样,它们每一只都如同没有任何先辈那样开始它们的生活……打断以往的延续,是对人类的一种贬低,……"①城市的历史不仅存在于物质环境中,也存在于城市记忆里。正是由于有城市记忆的存在,地域性或者说一个城市不同于其他城市的特性,才能够被区分,一个城市才能够被识别。城市记忆的延续,确保了一座城市之所以是这一座,而不是其他任何一座城市的根本;确保了城市中某一区域不同于其他区域的根本。

市民对于一个城市的记忆往往是落实在具体的物质空间上的,而这种记忆并不是来源于对某个朝代、某个久已消逝的历史事件的文献记载,而是来源于一代代人具体而细微的生活,来源于自身的感知体验。因此,对于城市历史的复兴并不见得就等同于对城市记忆的延续。因为在所谓"复兴"的过程中,兴起的往往是文献记载和考古结论,消失的却是一代人对自己儿时,对父辈、祖辈的生活记忆。一味地追求历史,虽然迎合了一般游客"吊古"的心理,却恰恰切断了市民对一座城市的连续的记忆。这种记忆的丧失,最终会导致市民对自己所居住的城市产生疏离感和对游客的排斥心理,更加不利于城市空间的发展。除了不宜轻易搞"复兴"之外,对于城市记忆的延续,还有赖于对城市空间的物质形态本身的保留。城市的形态代表着一个城市的成长与演变,"城市的结构其实就是一种为存在于地域社会特有文化中的集团意志所左右的构图。正是由于这方面的原因,城市的结构与单体建筑不同,它的构图形态更富于传统性和习惯性"②,城市的生长也像人一样保留着童年与少年每一阶段的回忆,具有漫长历史的城市,其空间形态往往表现为各个历史时期的并置,并因此在承载城市记忆方面起到了极大的作用。

而保护市民生活和延续城市空间形态,却似乎很容易与城市开发、经济发展相违背,因为包括西安在内的许多历史城市都将旅游业视为经济建设的一大重点,而且同时也非常需要拓展城市面积和进行大量的城市建设。那么要如何协调二者之间的矛盾呢。

旅游业与市民生活在本质上其实并不矛盾,因为吸引观光客的并不是那些生造出来的虚假历史场景,而是真正的根植于城市生活之中的历史记忆。放弃承载城市记忆的城市生活而盲

① 柯林·罗,弗瑞德·科特. 拼贴城市. 童明,译. 北京:中国建筑工业出版社,2003. 第118页
② 桢文彦. 城市哲学. 世界建筑. 1998(4). 第50页

目追求旅游效益是非常危险的。例如著名的历史名城威尼斯就是一个典型的案例。所有到过威尼斯的游客,几乎都对自己的旅游经历非常满意,主要的旅游街道上人如潮涌,沿街的小商铺也看似生意兴隆,精彩的建筑、美丽的廊桥都被人们所赞叹。但是,如果走进背离旅游线路的小巷、水道,人们就会惊讶地发现倾斜的墙体和脏乱的路面,以及最令人感伤的威尼斯市民沉重严肃的表情。根据威尼斯的官方统计,威尼斯的常住人口在1957 年是 17.4 万,到了 2009 年 10 月,只有不足 6 万,而且仍有居民不断的搬离威尼斯,如果照此趋势发展,到 2030 年威尼斯将不再有常住人口。而与之相对的,是威尼斯每天要迎来 5.5万的游客,几乎和全市人口相当,人口流失甚至比不断上涨的水位线更加严峻地威胁威尼斯的生存。由于旅游业的兴起,当地物价飞涨,食品、住宿、普通的日用品都变成了稀缺资源,普通市民难以消费得起。城市产业也变得越来越单一。日用品商店转而出售面具、玻璃制品等旅游纪念品,当地生活极为不便。威尼斯历时几百年的造船业也告停止,目前所用的水上交通船只,反而由希腊生产进口。大量的产业从威尼斯撤离,银行、保险业都消失了,一家公司的关闭会带走一千个就业岗位。另一方面,过度的旅游开发反而影响了当地的旅游收益。由于不断飞涨的各类消费,大量游客并不在岛上住宿,甚至也不愿意花钱参观需要付费的景点,也不选择昂贵的餐馆就餐,许多游客选择“一日游”的形式在威尼斯走马观花。威尼斯正在从一个真正拥有市民生活、拥有历史的城市,堕落成表面浮华而背后空洞的“面具”,城市记忆随着人口的流失,随着市民生活的消失而逐渐瓦解,并最终导致了旅游业的无以为继。

而城市发展与空间形态的延续也并不一定必须非此即彼。

20 世纪 70 年代末以来,城市中心区的再造与公共空间系统的组织和步行系统的完善是西方城市建设理论中所注重的,这种城市更新有着注重历史保护、小规模的、渐进式、理性的特点,从而由对城市物质空间的彻底改造转为对空间结构的修补。

德国的 IBA(国际建筑展 Internationale Bau-Ausstelling,德语简称 IBA)项目是一个优秀的例证。和许多欧洲城市一样,柏林在二战后成为一片废墟,虽然经历了战后重建工作,但至1975 年它的城市肌理仍不完整。与以往“推土机式”的城市更新不同的是,IBA 选择了另一种完全不同的策略。不是另辟一块开阔地,而是在平等的气氛中进行传统与历史的对话。IBA的项目包括了城市设计,新建筑设计和旧城区的保护改造设计。为了弥补公认的战后城市发展的不足,建设一个尺度宜人的、高品质的城市居住空间成为其主要目标。IBA 的两个核心人物:德国建筑师克莱胡斯和海默尔从一开始就认为这个计划必须与柏林现有的城市肌理和社会问题相融合。他们反对现代主义以来另觅独立区域平地起高楼的新城市手法,而是在柏林市区找出有待重建或整建的分散区域,进行批判的重构,将城市的空间元素(建筑,街块,街道,广场)根据城市的历史和场所精神所形成的秩序结合到一个更大的整体中来。因此在发展城市的同时延续城市形态,并非天方夜谭,如果利用得当,旧的城市空间形态甚至还有助于城市空间的发展。

综上所述,如何通过延续城市形态来保护城市记忆,并提高城市空间的活力、提高城市空间的可识别性、增强城市特色和提高城市空间的安全度,就成为城市空间整合的综合目标。

2.2　建筑遗产的价值与作用

2.2.1　使用价值

　　建筑遗产的使用价值是指其物质使用功能、资源价值与经济价值。一方面，从环境经济学的角度来看，对旧建筑的盲目拆除是对能源的巨大浪费，若以能耗程度来衡量，整治某些旧建筑要比完全新建建筑的代价相对低廉，建筑遗产再利用可以缓解能源紧缺的趋势，减少城市建设过程中对能源和材料的需求，提高资源整合度。

　　另一方面，建筑遗产可以为城市增添新的活力。如果再利用的方式得当，建筑遗产可以使其所在空间形成新的场所。与历史上已经消失的场所不同，新的场所可以直接与当下的城市生活对话，与新建筑一起形成市民的活动空间，与城市的发展与演变再次接轨。建筑遗产通过其使用价值的体现，不仅可以令自身"活化"，也可以促进城市的复苏和区域精神的振兴。

2.2.2　艺术价值

　　历史本身有着美学的内在价值，建筑遗产拥有艺术价值是因为它们有着美的、古老的特征。与现代建筑和后现代建筑相比，历史建筑的形式更多的来自"场所"的需要，而不是"功能"的需要，从古典美学的视角来看，它们比现代建筑和后现代建筑都更具备审美价值。建筑遗产所具有的独特品质，令人们回想起那些技艺精湛并且拥有个性魅力的时代。而这些特性，在工业化生产之后烟消云散了。与机器制造的产品相比，人们对那些残留着手工痕迹，并且注定会被磨损风化的材料有着本能的亲近和欣赏。莎朗佐金(Sharon Zukin)①在《Loft Living：Culture and Capital in Urban Change》中指出，现代主义在物质方面的舒适感和安全性的获得建立在廉价的产品上，是以个性丧失为代价的。而老城市展示了人的尺度、个性化、相互关怀、手工技艺、美轮美奂的多样性，这些特性在由机器制造的、现代造型的城市中非常匮乏，后者只有单调重复及尺度巨大的特征。

建筑遗产除了通过自身使人们获得审美体验之外，还可以与新建筑并置在一起从而使场所获得美感。不同时期、不同风格的建筑形成的对比，会产生积极的多样性，建筑的多样性也可以对城市环境的多样性做出贡献。城市完全可以利用这种多样性来避免单一风格的建筑所产生的垄断和单调，而又比刻意追求多样性而进行风格模仿与抄袭更为自然和易于接受。因此，即使是那些一般的、非纪念性的建筑遗产，比如老的民居或者办公楼，也会由于他们对城市景观的美学多样性作出的贡献，而体现出艺术价值。

从时间与空间的角度来看建筑遗产的艺术价值，我们会发现它们具有不同的美学价值和表现形式。人们不可能以超时空的美学标准来评判建筑，也不可能先验地预设它们的美学意义和价值。我们不可能笼统地断言所有的建筑具有怎样的艺术价值，而只能说在此时此地的某一个建筑具有怎样独特的美学意义或者艺术价值。以这样的态度来观察建筑遗产时，需要谨慎地对待建筑遗产在历史演变过程中所发生的种种变化，以及它与其所在的历史、文化、地域的关系。也就是说，当我们对待不同形式、不同地域、不同时间的建筑遗产时，所持有的审美准则和态度、方法也应该存有一定的差别。

2.2.3　情感价值与历史价值

历史价值也可称为是历史信息价值，是一种有形的非使用价值，与当下的城市活动无关。它包含了建筑遗产在考古学、文献学、材料学、人类学、规划学、建筑学等方面的可供研究的所有历史信息，关注的是这些信息的真实性。对于此价值的维护和

---

① 莎朗佐金(Sharon Zukin)：纽约城市大学布鲁克林学院社会学教授，主要研究当代都市生活文化、经济等领域。

体现,要杜绝任何造假和有可能篡改历史信息的行为。对于任何添加在遗产上的部分都必须易于和原貌相区别,所有的措施都应该是可逆的,也就是可以撤销拆除的,不会给建筑遗产的本体带来任何影响。

历史价值虽然不能和现在的城市生活直接发生关系,但是却为人们在以后更好地解读建筑遗产提供可能性,也是使人们了解自己从何而来的基本保障。

情感价值是与城市记忆相关的人们对于老建筑所共有的情感投射。情感价值不一定只存在于纪念物上,而是存在于和人们的生活发生过关系的任何一件建筑遗产上。它体现了人们对历史环境的情感认同、心理延续、责任感、精神象征以及宗教情感等。情感价值与人类的集体无意识相关,使得空间具有了民族性、宗教性、文化性,使得空间得以成为场所。

情感价值也是一种无形的价值,但却可以与当下的城市生活发生关系。人们对建筑的情感不是固定不变的,而是会随着社会的变革、观念的转化发生变化,也会因为人所处的社会地位的不同而不同。尽管情感本身可能不一样,但无论对于纪念性的建筑,还是对于一般性的建筑物来说,情感价值都会存在,因为它标志着一种文化记忆的连续性,对于建立人们的文化认同感和场所归属感具有重要的意义。情感价值会帮助人们寻找建筑遗产的当代存在意义。

2.2.4　建筑遗产对城市空间的作用

其一,建筑遗产通常会在两种情况下被保留下来,一是完全失去了和人的联系,处在自然状态中又幸而未被风化侵蚀,因为没有被人为拆毁而得以保存;二是始终为人所用,不断产生新功能,因而不断地被维护而保留下来。前一种情况,经常见于未被城市化的乡村、山林等地,而后一种情况则经常发生在城市里。就后者来说,此类建筑遗产因为被持续的保护和使用,它的地位也逐渐地被提升。在城市中,这样的建筑遗产或者本身占有较大空间面积,或者逐渐形成道路、景观节点,或者依托建筑遗产本体在周边修建了较为开敞的广场、绿地、公园等城市公共空间,从而获得了较大的吸引力。就大多数城市中的建筑遗产来说,尤其是那些享有一定知名度的建筑遗产,在城市空间发展演化的过程中,其周边往往逐渐形成了能够聚集人流的场所,这些场所即便尚未形成活力较大的城市空间,也具备了这样的潜力。

不同于普通的城市建筑,建筑遗产往往在立面和所处位置上更能吸引行人的注意力。加上人们现在已经开始有意识地保护建筑遗产,不在它们的周边建造过多遮挡或者影响其视觉效果的建筑。因此,相对而言,建筑遗产能够在空间上获得更大的自由度,无论是横向上还是竖向上都占有一定的范围不被其他构筑物干扰。这样一来,建筑遗产的周边往往会形成开放空间,而开放空间的出现就为城市空间活力的提升创造了物质空间基础。例如西安的大雁塔广场、钟鼓楼广场、环城公园等城市公共空间,都是依托建筑遗产而建造的,这些空间吸引了大量市民和游客在此聚集,成为西安城市中的活力地带,并且带动了周边地区的空间发展,就城市活力的提升来说,这些实践不失为通过建筑遗产提高城市空间活力的明证。

其二,某些建筑遗产从诞生至今,就一直受到城市居民的重视,因而它们往往本身就落成在城市非常重要的交通节点上,例如各地的钟楼、鼓楼。或者,在城市空间发展的过程中,人们自发地在它们的周边发展出较为重要的城市空间,例如城隍庙、教堂、塔楼等,这些建筑遗产就成为了城市的地理坐标。通常来说,这类建筑往往比较高大,人们在很远处就可以看到,或者位于几条重要街道的交汇处,因此,人们只要一看到它们就很容易定位自己在城市中的位置。

此外,即便某些建筑遗产在一开始并不受人们的关注,但是随着时间流逝,却逐渐被人们接受和喜爱,而逐渐成为城市的新坐标。这一类建筑遗产通常都经历了整修或者改扩建,使它们与重要的道路或者视线通廊有所联系。在城市对外扩张的过程中,这类建筑遗产的数量明显增多。一方面,城市的新建区必然会吞并原有的郊区、乡村土地,连带其中的建筑遗产用地;另一方面,新建区往往没有可遵循的空间历史格局和路网关系,也需要建筑遗产来形成城市文脉。因此,人们在建设新城区时,就自然会利用建筑遗产形成地理坐标,以方便定位。

这两种情况在历史古城的发展中尤为明显。就西安来说,根据社会调查得知,所有市民都不约而同的会将钟楼、大雁塔、城墙等重要建筑遗产作为绘制西安意向地图的参考点。由于大雁塔与日俱增的城市地位,一些访客和新入住的居民,会误以为它与钟楼一样位于西安市最核心的南北轴线上。可见,建筑遗产的存在可以有效地影响城市空间使用者对于方向、位置的识别,如果利用得当,完全可以作为一套城市地理坐标来使用。

其三,就城市特色来说,如前所述,尽管目前鲜有城市形成了真正的根植于本土文化的、并且融入市民生活的城市特色,但我们还是可以为其形成创造一定的条件。

城市特色的形成最重要的在于人的实践活动,这无疑需要我们为这些活动创造聚集、相互吸引和影响的空间。建筑遗产本身具有一定的艺术特色,在久居城市的市民情感中也占有一席之地,其影响对于居住在其周边的居民来说更是不可忽视。如果能够将建筑遗产空间调整得更容易聚集周边居民,并且不大容易被其他地区的活动所影响,那么这对于形成本地区特色来说,将是非常有利的。

事实上,某些建筑遗产空间本身就具备了这样的潜在优势。一方面在建筑遗产周边形成的公共空间可以容纳市民的活动,另一方面建筑遗产的留存在周边居民的心理上产生了一定的影响,这一影响形成一种共同的地域意识,当这种意识强化到一定程度时,就会以建筑遗产为核心形成心理上的"社区"。当相对稳定的"社区"形成后,就比较容易培养出内在的特色,而不会轻易被外来的干扰同化了。因此,如果能够调整好建筑遗产空间与其他城市空间的关系,是可以达到为城市特色的塑造提供空间平台的目标的。

其四,建筑遗产空间的有效利用还可以增加城市空间的安全度。一方面,被有效利用的建筑遗产可以吸引人流,确保街道、广场等公共空间始终有人在使用,提高了人群的监视作用。另一方面,随着人流汇聚,建筑遗产空间内越来越丰富的活动,也能够吸引人们的注意力,预防发生在公共空间内的反社会行为。最后,当在建筑遗产的影响下形成相对稳定的"社区"后,社区内居民的公共意识和责任心都会自然的形成,从而提高社会监督能力,以降低犯罪的发生。

最后,就延续城市记忆来说,建筑遗产也可以起到非常积极的作用。建筑遗产本身的存在有利于城市坐标的维系,实际上,正是由于建筑遗产本身历史久远并且具有重要地位,它们才成为遗产,并具备了成为城市地理坐标的必需条件。如果所有的建筑遗产,都可以有效地成为城市中的地理坐标,那无疑会对城市道路网的维持起到重要的作用,而城市道路网的维系也会有助于城市空间形态的延续,从而保护城市记忆。同时,由于建筑遗产空间会与遗产本身一起被保存下来,这样也会对城市空间形态的保存起到促进的作用。一个城市中建筑遗产空间被保存得越多,就意味着被保留下来的局部空间形态越多,那么城市总体的空间形态也就不会受到太大的改变,这对城市记忆的延续无疑也是非常重要的。

在一个城市里,如果建筑遗产相对比较密集,那么建筑遗产空间之间相互联系,就会形成一个位于城市空间巨系统下的开放空间网络。这个网络不仅可以有效地改善城市空间巨系统的空间活力,还可以在该系统内部形成有效地定位坐标系以及类似于"街道眼"的社会监督体系。同时,由建筑遗产形成的空间子系统还很有可能成为城市特色的主要空间载体,酝酿城市特色的形成。此外,这一开放空间子系统,还有助于保留城市空间形态的重要脉络和节点,从而成为延续城市记忆的主体部分。与其将建筑遗产空间闲置,任其零散地占领城市空间的各个部分,倒不如充分开发其价值与功能。因此,通过有效利用和调节建筑遗产空间来提升城市空间是非常具有可行性的,而对于那些建筑遗产密度较大的历史古城,这一举措更是必不可少。

2.3 利用建筑遗产进行城市空间整合

2.3.1 整合的目标

对城市空间进行整合的大目标自然是解决前面所讲的城市问题,即提高城市活力;减少空间认知的困扰;增加城市特色产生的可能性;提高城市安全度以及延续城市记忆。而这一大目标可以拆分为两个小目标:

在静态关系上使建筑遗产空间能够提高周边城市空间的整合度及相关因子;在动态关系上,二者形成可持续的良性互动关系,建筑遗产空间组群成为城市空间系统下的一个有利的子系统。

前者的实现,保证了建筑遗产空间在当下可以起到优化城市空间的作用,而后者的达成则进一步保证了城市空间在未来的发展中继续从建筑遗产中获益。

而对于建筑遗产来说,之所以要利用它们进行城市空间整合,也是为了能够更好地使建筑遗产参与到城市生活中去,成为城市空间巨系统内的一个有机组成部分,因此延续建筑遗产的"生命"也是空间整合的另一个目标,只不过这一目标的达成是在空间整合后自然实现的。

2.3.2 整合的原则

在整合过程中,首先应该注意的是不能令这几项目标的达成方式相互干扰,例如在追求空间活力的时候,削弱了空间的安全性;或者在提高空间识别度时,影响了空间记忆的延续,因此要同时达成上述目标需要有系统化的指导思想。不是将上述目标作为一个个孤立的单项,而是综合考虑后,同时进行优化,从而真正达到整合的目的。因此,采用系统化的思想是进行整合的第一个原则。

第二,坚持正确的城市空间发展方向,拒绝"摊大饼"和"大拆大建"。空间整合的对象当然是城市空间本身,如果对城市空间本身进行大拆大建,显然不符合整合的本意,既浪费资源也失去了整合的意义。因此,本书所涉及的城市空间整合,主要是指在城市建成区内进行的空间重组和优化,而非另建或重建城市空间。

第三,在前两项的基础上,将重点放到调整空间关系上,尽量减小对空间形态的改变是整合的第三个原则。保护空间形态,可以确保城市记忆载体的延续和建筑遗产本体的保存,因此,在进行空间整合前,需要寻找一条不以破坏城市空间形态为代价的整合途径。

2.3.3　整合的途径

基于整合的目标和原则,选择适宜的研究方法和研究步骤。

本书的研究方法是基于空间之间的关系来确定空间的属性,通过量化这些属性获得直观、准确的空间状态。具体来说,就是采用空间句法的方法对空间属性进行计算,并通过计算结果来确定空间的整合度。因为空间句法是建立在系统论的前提下的,采用空间句法一方面确保了系统化的原则对于空间的分析始终保持着系统的观念;另一方面,采用空间句法还可以减小对空间形态的破坏,因为空间句法本身就是关注于梳理空间关系而非重建空间的形态,这样就预先制止了大拆大建的可能性。

整合的步骤是首先分析某一建筑遗产空间组群与其周边的城市空间的相互影响关系,然后依据分析的结论,提出针对局部地区的建筑遗产空间与城市空间的整合优化建议。前面的分析工作将通过选取的案例来完成,而最后的整合优化则通过虚拟的方案修改来实现。

2.4 小结

    本章首先分析了城市空间的现存问题,将问题归结为空间活力不足、空间认知困难、缺乏城市特色、空间安全度不足和城市记忆消失这五个方面。并对建筑遗产的使用价值、艺术价值、情感价值与历史价值进行探讨,从中寻找出了建筑遗产可以作用于城市空间的方面,提出利用建筑遗产进行空间整合是一项既可以实施,也有必要的措施。然后对空间整合的目标、原则及途径进行论述,具体指出适用的整合方法与整合步骤。

    下面将进一步探讨利用建筑遗产进行城市空间整合的具体量化方法;阐述其理论基础;解释空间整合度的影响因子含义;以及整合度与其影响因子之间的量化关系和计算公式。

第 3 章

建筑遗产与城市空间整合的理论研究

3.1 理论基础

3.1.1 自组织理论与系统论

始于 20 世纪后半叶的耗散结构理论(Dissipative Structure Theory)引导了协同学(Synergetics)、混沌学(Chaotic Theory)、分形学(Fractal Theory)和超循环理论(Hypercycle Theory)等一系列理论走向集合,这一集合的结果就是系统自组织理论的诞生。我国著名科学家钱学森在这一理论诞生后不久就指出:系统自己走向有序结构可以称作系统自组织,这个理论就称为系统自组织理论。这一理论以系统的诞生、发展为重点,揭示出组成宏观巨系统的大量子系统是如何自己组织起来,从无序演变为有序,或从低级有序演变为高级有序的一般条件、演变机制和其组织规律。

20 世纪六十七年代,布鲁塞尔学派的彼得·艾伦(P·Allen)采用量化分析方法,建立了城市空间结构的自组织模型。[①] 齐门(C·Zeeman)基于自然力间断现象的突变理论,解释了城市空间发展中的不连续现象并建立了数学模型。1977 年艾伦再次使用自组织理论的方法对城市和社区的演变进行定性分析和计算模拟,进一步完善了基于自组织理论的城市空间动态模型。[②] 到 80 年代初,韦德里奇(Weidlich)与哈格(Haag)引入主方程来模拟城市动态行动,构造了区域迁移的动力学结构[③]。艾姆森(Amson)将突变理论运用于空间结构的研究,这一研究

---

① Allen P. M. Cities and Regions as Self—Organizing Systems: Models of Complexity. Amsterdam: Gordon and Breach Science Publication, 1997

② 段进. 城市空间发展论. 南京:江苏科学技术出版社,1999

③ Weidlich W, Haag G. An integrated model of transport and urban evolution: With an application to a metropole of an emerging nation. New York: Springer Verlag, 1999

用极少的全局变量来描述整个系统的状态。空间自组织理论是
基于自组织理论的城市空间研究，从自组织理论的单一原理出
发，研究城市空间的自组织规律、演化过程和内在机制。

　　L. V. 贝塔朗菲(L. Von. Bertalanffy)在 1932 年发表了"抗
体系统论"，提出了系统论的思想。其后，系统论与多种理论相
互渗透、影响而在不同的领域获得了丰硕的成果。系统论的出
现，使人类的思维方式发生了深刻的变化。以往研究问题，一般
是把事物分解成若干部分，抽象出最简单的因素来，然后再以部
分的性质去说明复杂事物，这是笛卡儿奠定的理论基础的分析
方法。这种方法的着眼点在局部或要素，遵循的是单项因果决
定论，虽然这是几百年来在特定范围内行之有效、人们最熟悉的
思维方法，但是它不能如实地说明事物的整体性，不能反映事物
之间的联系和相互作用，而只适用于认识较为简单的事物，而不
能胜任对复杂问题的研究。

　　作为自然、社会与经济复合系统的城市空间巨系统是一个
具有高度综合性的复杂系统。以往受到"还原论"①的影响，学
者对于城市空间的研究往往采用分解的思想，试图将复杂系统
还原为一个个简单体。这种研究方法虽然可以用来解释一些表
层或者局部的现象，但是它却偏离了城市空间的实质，即整体大
于局部之和。一个空间一旦被从它所处的空间系统中抽离出
来，它就不再是原来的那个空间了，只有当这些个体的空间存在
于系统之中，相互关联和影响，它们在其中所显示出来的属性才
是有意义的。

　　因此，研究城市空间需要有两个基本的前提，其一：是空间
本身有着自组织的能力和规律，认识和尊重这些本质上的规律，
是城市空间研究的基本立足点；其二：要认识到城市空间系统的
复杂性与整体性，强调系统内部存在的相互作用和联系，在研究
中不能人为地割裂这种相互关系。在研究大系统内部的子系统
时，要始终将其放置在大系统之中，才能进一步探讨它们之间的
相互影响和演变规律。

---

　　① 还原论(Reductionism)主张把高级运动形式还原为低级运动形式的一种哲学观点。它认为
现实生活中的每一种现象都可看成是更低级、更基本的现象的集合体或组成物，因而可以用低级运
动形式的规律代替高级运动形式的规律。还原论派生出来的方法论手段就是对研究对象不断进行
分析，恢复其最原始的状态，化复杂为简单。

3.1.2 空间句法理论

1984 年,比尔·希利尔(Bill Hillier)与朱利安·汉森(Julienne Hanson)合著了《空间的社会逻辑》[1],以自组织理论为基础,系统地探讨了空间的建构与演变规律,创立了一项新的空间理论——空间句法(Space Syntax),认为空间是社会生活的一部分,并在随后的 30 年中不断完善了这一学说,它的核心思想就是空间组构概念(Space Configuration)。组构(Configuration)一词是比尔·希利尔教授在《空间是机器》一书中明确提出的,即"一组整体性的关系,其中任意一关系取决于与之相关的其他关系"[2]。空间句法向我们展示了如何通过分析内外的空间模式,重新理解人类生存中社会与空间的互动关系,并且量化了这一关系。它进一步阐明了一个道理,重要的不一定是事物本身,而是如何将事物组织在一起。

"在建筑和城市设计中,形式和空间都应从关键的组构角度来考虑,这是由于将不同的部分放置在一起以此形成一个整体的组合方式,远远比那些将其中任何部分拿出来单独研究更为重要。"[3]组构之于空间,如同语法之于语素。非建筑师、规划师设计的民居、村落很少会"犯错",正是因为民居和村落的建造者按照惯性思维,严格的遵从了空间的组构,而建筑师、规划师却往往因为对生活的理解深度不够而无意中违反了这种关系。空间组构的形成有着漫长的过程,历史、文化、气候、地理都对之产生影响,同时还建立在人类不断试错的基础上。组构一旦形成后,就会形成自身的运行规律,这一规律不能被随意违背,因为它已经成为人们潜意识和直觉中对空间进行思考和反应的习惯。空间组构对于人们行为的影响,比空间的样式或者其他特征的影响更为深远和持久。

人类的各种社会活动都发生在空间中,而空间的组构是社

---

[1]　Bill Hillier, Julienne Hanson. The Social Logic of Space. London: Cambridge University Press, 1984

[2]　比尔·希利尔. 空间是机器——建筑组构理论(原著第三版). 杨滔,译. 北京:中国建筑工业出版社,2008. 导言

[3]　同上

会活动运作的媒介。抽象的社会关系与具象的物质空间是社会活动的两个方面,一方面,局部的空间变化(打开或封闭一栋建筑,拓宽或延伸街道等)将会改变整个空间的内外关系。另一方面,由于个人的认知联系着社会与空间两个系统,个人对空间关系变化的理解,体现于个人在空间中活动的改变上。社会活动在众多个人活动的基础上累加起来,又会反作用于物质空间。因此,空间的建构需要遵循空间自身的组构性规律。本书就是基于这一观点,不满足于对城市问题仅在空间形式和社会行为现象层面探讨,而试图通过分析人为建造是否有悖于空间组构规律,来解答城市问题出现的原因。

长久以来,组构是"不可言"的,也就是说,尽管我们无意识中都在遵循和使用它,但是却并不知道如何描述和讨论它。而空间句法正式开启了研究组构的理性探索之路。空间句法理论基于组构的概念先后重点研究了空间与社会,建筑与城市空间,以及与之相关的计算方法、空间与认知关系等。其量化方式,已经被证实有一定的准确度和普适性。

更重要的是,基于空间关系而非空间形态本身的改良,非常适合在保护空间形态的同时,进行空间重组以促进城市发展。运用空间句法在进行空间整合的过程中,预先保证了城市记忆载体——空间形态的留存,因此,本书以空间句法为方法论,寻找相关变量,并进行合理运算,以期对城市问题的原因进行量化解答,促进城市空间的整合。

3.1.3 新都市主义理论

关于"问题",首先在于"判断"。而判断哪些现象是"问题",哪些是正常的,则取决于不同的评判角度。在封建时期,普通居民生活条件远比贵族恶劣是正常的;在工业革命后,建设大量廉价、速成的住宅楼也是必需的,那么,在我们这个时代,城市应该是什么样子? 这是研究的角度问题。其次,对于"问题"的研究切入点,也同样需要一种理论参照,否则很容易使论述流于泛泛之谈。本书的研究角度和研究切入点均以新都市主义(或称新城市主义)理论为基础。

与大多数具有影响力的思想运动一样,新都市主义也是针对社会发展过程中所出现的普遍性问题而产生的一套改革理念。从工业革命之后,西方国家特别是美国出现了住宅郊区化的趋势,人们不得不依赖汽车交通。由此导致了许多问题,如生态环境压力、开放空间的流失、为支撑社区服务而增高的税收、中心城的衰败等。于是,越来越多的人开始反思郊区化蔓延的发展模式。人们开始对城市发生兴趣,关注如何维持生活质量、如何建设属于市民的社区,关心历史保护和城市分化问题。

新城市主义起始于 20 世纪 80 年代,到 90 年代席卷了美国规划界与理论界。它的基本视角和思维逻辑是分析社会现实中所出现的种种问题与决策、规划、设计之间的联系,然后通过改进决策、规划和设计来解决问题。1944 年的第四届新都市主义大会上,226 名代表签署了《新都市主义宪章》,这是大会的纲领性文件,并成为新都市主义的行动指南。该"宪章"共分 27 节,从区域;邻里、街区与廊道;街块、街道和建筑三个层面阐述了主要的城市规划与设计观点。新都市主义者认为解决城市问题的方法在于整体考虑、综合解决。因此,新都市主义思想的延续性和关联性在城市规划到设计的各种尺度中都存在,从区域一直到街块。

在宏观尺度上,新都市主义提倡紧凑型城市形态发展模式。在工业革命以后,城市形态的巨大变化引发了许多城市问题,很多学者投入到城市问题的研究中去。当时,主要形成了以勒·柯布西耶为代表的城市集中派,和以劳埃德·赖特为代表的城市离散派。可以说在现代城市发展的过程中,离散派与集中派的争论始终伴随,并对城市的外部整体形态和内部空间形态发生重要影响。新都市主义关注城市形态的合理增长问题,认为城市的完善包括了城市的控制和内部填充。

新都市主义通过确定城市的边界,来控制城市形态的无序扩张。认为城市边界的确定与街区边界的确定具有相似的意义和同等的重要性。通过城市边界的确定,区域的城市形态特色得以被创造,自然空间得以被保护,人类的居住地才能够通过控制得以优化。城市内部的填充式开发和再开发不仅可以节约资源,并且可以在高质量的生活方式和自然开放空间之间建立一种平衡关系,使城市走上可持续发展的道路。

因此,笔者认为研究如何提高城市建成区内部的空间利用率、提高已建成街区的生活品质,更重于开发新城和卫星城。而目前国内城市的一大弊病,就在于不重视已建成区的优化整合,而盲目追求城市面积的扩张,许多新建成区、开发区的土地利用率不高,需要进行二次建设和与之相关的研究。

在中观尺度上,新都市主义提出以"邻里"或者说片区和廊道是组织城市形态的基本单位。城市空间形态的组织是通过物质形态的组织来安排各种人类活动,并达到有序有效的目的。新都市主义者强调物质形态的建设,认为尽管设计不能决定生活的质量,但可以影响生活的状态。

片区是构成城市主要形态的结构要素,是识别城市的基础。将城市化分为若干片区的传统,一方面源自不同阶层对城市的划分,一方面源自古代社会自然形成的对城市的认知。新都市主义将城市设想为由大量基本单元或模块组成的系统,而每个单元都有相对独立的发展机制,单元间通过高效的交通体系进行连接而成为一个更大的整体。在片区单元中,优先考虑公共空间和公共建筑,并使其成为单元的中心。单元应具备自身的建筑风格并形成连续的视觉印象,其边界应该是柔性而非刚性的。

正是基于这些观点,笔者将解决城市问题的研究切入点放在城市中的片区上,尤其是城市问题较为集中、突出的片区上。并且,将建筑遗产空间作为关注的焦点。因为在中国,建筑遗产空间几乎没有例外地成为城市公共空间(或者公共建筑),而且由于大量遗产不可拆除、不可变更,使得它们相比较其他建筑物更有必要成为片区单元的核心部分。

在微观层面上,新都市主义关注街道和场所的建筑。在现代主义影响下,街道被视为纯粹用于交通的通道,街道生活被完全忽略了。而在传统城市中,街区由街道围合而形成,街区内是相对内向的生活区域,而街道就是一个公共性的空间,人们不仅可以随意出入,还可以产生公共生活,街道不仅仅是交通空间,更是生活空间。新都市主义者尊重地方传统,尊重现存城市和自然之间的秩序,希望通过新的设计发掘和多样化的设计语言来强化地域特色。新都市主义建筑是"场所的建筑"①,它不仅

---

① (美)新都市主义协会编. 新都市主义宪章. 杨北帆,译. 天津:天津科学技术出版社,2004.

仅是环境中的一个片段,同样是塑造场所连续性的重要组成。场所中具有历史意义的建筑能够将城市的发展连续起来,不断地进行再创造。

因此,街道、场所、历史建筑都成为重要的城市元素,对于这些空间的设计和利用会对整个城市空间的优劣产生巨大的影响。

新都市主义理论解决了本书的认识论问题,笔者基于该理论将城市问题归结为如第 2 章所描述的空间活力不足、城市安全问题突出、城市特色与记忆消失这几个方面。从《雅典宪章》到与之形成鲜明对照的《新都市主义宪章》,无数的学者和规划师、设计师付出了辛勤的劳动。新都市主义的贡献在于将那些经过时间考验的正确原则重新整理汇集,并把这些看似平常的原则组合在一起,在每一个层次上,综合地、顺序地处理城市建设的有关问题。正如《新都市主义宪章》的导言所言"我们将为重建我们的家园、街块、街道、公园、邻里、街区、城镇、地区和环境而奋斗"[①]。

---

① (美)新都市主义协会编. 新都市主义宪章. 杨北帆,译. 天津:天津科学技术出版社,2004.
导言

3.2 空间整合度的影响因子分析与计算

3.2.1 空间整合度的一级影响因子

在第 2 章中,笔者已经解释了本书所探讨的空间整合主要是指空间关系的整合,通过整合希望能够提升街道、广场等城市公共空间的活力;培养城市特色;提高城市空间安全性;解决城市中某些区域容易迷失方向的问题并延续城市的记忆。为了实现这些目标,需进一步寻找影响空间整合度的影响因子,以及各因子与整合度之间的量化关系。

基于城市空间整合的目标,我们首先可以确定整合度的五个影响方面,即空间活力、空间特色、空间安全和空间认知和城市记忆。由于延续城市记忆,可以通过保留城市空间形态的方式达成,而空间句法的使用和将整合的重点放在空间关系上,已经完成了对空间形态的最大保留。这意味着,在此方法下该因素对整合度的影响已经达到最佳状态,没有优化的余地了。因此,本书不再将空间记忆作为影响整合度的变量来加以量化计算。

1) 便捷性

便捷性在此被定义为衡量空间组群中空间与空间彼此之间联系的紧密程度。一个空间组群的便捷性越高,就说明该空间组群的空间布局关系越紧凑,置身于其中的使用者来往于各个空间单元之间的便捷程度也越高。反之,空间布局关系则越松散,那么来往于其中的使用者,到达各个单元空间的便捷程度就越差。因此便捷性是空间组群的一种属性,描述了空间组群内部连接关系的紧密程度。

便捷性并不等同于空间之间路程距离的远近,还和空间与空间的连接方式相关。同样的路程距离,可能出现不同的空间连接关系,造成空间被到达的难易度不同,从而导致便捷性的不同。

便捷性的优劣影响着空间组群的被使用效率,与空间组群内人流保有量的多少直接相关。因为一个空间组群的便捷性越高,意味着空间组群内的出行效率越高,在单位时间、单位距离内能够到达的空间单元越多,这有利于人们办事效率的提高,因此与便捷性低的空间组群相比,人们会更倾向于选择便捷性高的空间系统。而一个空间组群内的人流保有量越大,意味着人们在空间单元内出现和活动的几率越大,提升其空间活力的可能性就越大。因此,便捷性与一个空间组群的空间活力有着紧密的关系,是空间整合度的正向调控因子。在此,我们将便捷性设为整合度的一级因子 A。

2) 特色度

即便在一个空间分布相对匀质、空间之间的联系也相对均匀的组群中,人们的出行与活动也不见得与空间一样均匀分布。总会有一些部分——或者是某一个空间单元,或者是某一组空间单元出现人流汇聚的情况。人们出于某种原因自发地聚集在这些区域,为这些区域带来更多的活动,于是这些区域就从整个空间组群中凸现出来,显得与众不同。

空间本身的某些属性吸引了人们的聚集,人们的活动为这些空间增添了新的特征,这些特征又吸引更多的人到来、引发更多的活动,这样的空间形成了一种良性的生长趋势,这样的空间相比较其他空间更有吸引力,更可能具备场所精神。我们把这种能够吸引、汇聚人流、引发人类活动的特性,称之为空间的特色度。特色度本身并不代表这个空间或者空间组群与众不同的程度,而是代表它在多大程度上可能产生如上描述的良性生长态势。之所以用这种可能性而非空间特色本身作为空间整合的一个因子,是因为特色本身无法用数值衡量,而且在不断的发生变化。

一个空间组群的特色度越高,意味着相比较其他的空间组群,人们更容易在这里汇聚起来,这个空间组群的场所感就越强。因此,特色度也是整合度的正向调控因子,我们将其设为一级因子 U。

3) 安全性

　　安全是人们对"家"的基本要求,人们只会对安全的环境产生依恋,对安全的倾向是人的本能。与特色度不同,安全是一项基本要求,一个四处充满反社会行为的空间组群是不会受人喜爱的。在城市中,安全性差的地区总是伴随着人口流失、经济衰退的现象,而长住居民的搬离又会加剧安全状况的恶化。因此,我们将安全性也作为空间整合的一个重要因子,并在下面进一步考察。空间组群的安全性用 S 表示。

　　4）理解度

　　空间理解度是用来衡量空间组群的可认知程度,若一个空间组群的理解度高,则意味着它的整体空间布局越容易被人们认知和掌握。人们对于整体的认知总是来源于局部的信息,理解度体现了人们根据空间组群的局部信息判断整体信息的难易程度。"可理解度这一特性意味着我们从一个空间所能看到的在多大程度上能够成为我们所不能看到的有益的指引。对于缺乏可理解度的系统,有着许多连接的空间,往往不能很好地整合到整个系统中去,因此依据这些可见的连接将误导我们对这一空间在整体系统中的方位认知。"(Hillier,1996)[①]

　　空间的理解度与便捷性一样影响使用者的行为效率。在理解度低的空间组群中,使用者需要付出额外的摸索方能了解其所处的环境。当理解度低到一定程度就会出现迷路、混乱和拒绝使用或进入该空间组群的现象。

　　理解度同样是空间整合度的正向调控因子,用字母 I 表示。

　　5）空间整合度的计算方法

　　空间整合度由它的一级因子便捷性 A、安全性 S、理解度 I、特色度 U 共同作用而得出。但这些因子对整合度的影响大小并不均等,因此我们需要考察这些因子各自的权重。考察的办法是先进行社会问卷调查,在 200 份调查问卷中让市民给每个因子从 1 至 5 打分,5 表示"非常重要",1 表示"非常不重要",用分值来表示在他们看来哪些因子更影响他们对空间组群的使用意愿。对每项因子的得分进行加权然后进行归一化,得出各项因子的权重。假设 D_A、D_S、D_U 和 D_I 表示因子 A、S、U、I 的得分,计算因子 A 权重 β_A 的公式为:

----

　　① 叶君放. 建筑空间结构的分析与评价. 重庆大学博士论文. 2007. 第 10 页

$$\beta_A = \sum D_A / (\sum D_A + \sum D_S + \sum D_U + \sum D_I)$$

以此类推,计算其他项因子的权重。

如果我们用 N 来表示一个空间组群的整合度,用 F 表示一级因子,用 β 表示权重的话,那么 $N = \sum \beta F$。具体到西安地区来说 $N = 0.4A + 0.3S + 0.2I + 0.1U$。(权重的具体计算见附录二)这一公式源自对西安市民的社会调查数据,因此并不见得对所有城市都准确,但通过调查获得权重并生成公式的方法可以适用于所有城市。

3.2.2 便捷性、特色度、安全性与理解度的影响因子 (空间整合度二级因子)

空间句法在分析空间时,赋予了空间不同的属性,这些属性代表了不同的含义,描述空间之间不同的关系。我们需要比较的是两个空间组群之间的相关属性,因此在一级因子之下,我们要寻找出空间群属性对一级因子 A、S、I、U 的影响关系。关于如何从空间属性得出空间群的属性,将在 3.2.3 中探讨,这里我们先假设已经获得了空间群属性,而寻找它们与一级因子之间的量化关系。用来描述空间群属性的变量有全局选择度标准值 MC_n、局部选择度标准值 MC_3、连接度标准值 MC_k、全局集成度标准值 MR_n 和局部集成度标准值 MR_3。

MC_3 与 MR_3 是指半径设定为 3 时,计算得出的空间组群的选择度标准值和集成度标准值。

需要说明的是,因为研究的对象是空间组群,探讨的是空间组群与空间组群之间的比较,而每个空间组群所包含的空间单元数量是不同的,因此必须排除空间组群所含空间单元数量不等的干扰。上述空间群属性标准值,就是经过计算预先排除了组群内空间单元数量影响后的变量。同时,这些空间群属性是由空间属性全局选择度 Choice(Norm)、局部选择度 Choice C_3(Norm)、连接度 Connectivity、全局集成度 Integration(HH)和局部集成度 Integration(HH) R_3 计算得来的。具体算法在 3.2.3中详细介绍。

1) 便捷性

一个空间组群的全局选择度标准值 MC_n 表示的是该空间

组群中,所有空间单元的全局选择度 C_n 的平均值。C_n 这个数值可以表示空间组群内某个空间单元的连接效率,C_n 值越高说明该空间连接的"最短路径"的数量越多(关于最短路径的定义,详见 3.2.3)。一个空间组群的 MC_n 越高,说明该空间组群中某些空间单元的全局选择度非常高,或者每个空间单元的全局选择度都比较高。这意味着空间组群中空间之间的关系形成了更多高效的"最短路径",人们从此"最短路径"到另一条"最短路径"的转折更容易,有目的地从一个空间单元前往目标空间单元的路径会更加便捷有效,空间组群的便捷性也自然会升高。因此。MC_n 是便捷性的一个正向因子。

一个空间组群的连接度标准值 MC_k 表示该空间组群中,所有空间单元的连接度比值 C_k 的平均值。这个变量描述了空间组群中空间与空间的相互连接的程度,一个空间组群的 MC_k 越高,说明该空间组群内连接度高的空间单元越多,即与每个空间单元直接连接(即拓扑深度为 1)的其他单元数量越多。MC_k 值也能说明空间组群中有目的地出行效率问题,在 MC_k 较高的空间组群内,道路上的交叉口较多,人们在无意中路过或者看到其他空间单元或者发现新路径的可能性较大,同时这样的道路关系有助于在交通高峰期疏散人车流,不易造成拥堵现象。这也有助于提升空间使用的便捷性。

一个空间组群的全局集成度标准值 MR_n 表示该空间组群内,基于拓扑深度的、空间单元之间联系的便捷程度。空间组群的 MR_n 越高,说明在空间组群中,每个单元空间的全局集成度越高,或者高全局集成度的空间单元越多。因此 MR_n 也是便捷性的一个正向因子。

由于空间便捷度可以通过人流量(人群对空间的使用程度)来反映,因此,可以通过如下方法来测算空间便捷性 A 的影响因子 MC_n、MC_k 和 MR_n 的影响权数。

首先,通过社会调查,获得空间组群中单位空间每小时的人流量,用字母 W 表示。

然后,用 Depthmap 软件计算空间组群中单位空间的 C_n、C_k 和 R_n(关于这三个量的详细解释,见 3.2.3)。

将 W 与 C_n、C_k 和 R_n,每组数据为一竖列,输入 Excel,再分别计算 W 与 C_n、C_k 和 R_n 的决定系数 R^2(即相关系数的平方,或称拟合度),分别为 R_1^2、R_2^2、R_3^2。

最后,将 R_1^2、R_2^2、R_3^2 进行归一化,就得出 MC_n、MC_k 和 MR_n 对 A 的影响权数。

经统计、计算后便捷性 A 的公式如下:

便捷性 $A=0.2MC_n+0.3MC_k+0.5MR_n$

(具体计算见附录 3)

2)安全性

一个城市的安全与否并不完全取决于警力,而更多地取决于人们的自觉。如果说自觉维护的意识产生于人类内在的本能,那么维护行为的发生则需要一些外在的条件。这些外在条件包括空间在视觉上的通透程度、人们经过这个空间的频率、这个空间与其他空间联系的紧密程度。一个空间,越容易被行人、居民在有意无意之间被看到,或者被经过,该空间内的反社会行为相对就越不容易发生。因此,空间的安全性与视觉和路线经过的难易程度有关。①

如前所述,全局选择度标准值 MC_n 从一定程度上描述了空间组群内交通的便捷程度,因此它与人们使用空间的频率相关,也自然与空间的安全性相关。而局部选择度标准值 MC_3 则更准确地描述了在一定拓扑范围内(3 步),人们经过使用空间的频率。安全性与步行交通的关系高于与车行交通的关系,因此局部选择度标准值对于安全性的影响,要高于全局选择度标准值。这是由于人的步行距离有限,更倾向于在一定范围内高频率、近距离活动而造成的。

连接度 MC_k 在一定程度上也能影响空间组群的安全性。因为该值来自于空间单元的连接度(Connectivity),连接度直接说明了该空间与多少个空间相连,这意味着从多少个空间可以直接看到或者经过这个空间,而 MC_k 是基于连接度所产生的空间组群的变量,因此它与空间组群的安全性也有关联。

此外,对于真正有计划的犯罪者来说,他们更倾向于选择全局集成度高但是却在某些时段人迹罕至或者空间使用者之间没有任何责任感的空间,因为这类空间由于无人经过会间断性地形成灰色地带(或者即便有人来往但是却互不关心),同时又在

①　关于空间安全性与视线关系的探讨,在笔者的《城中村空间组构与犯罪行为的关系》一文中,有更为详细具体的调查研究。

很大范围内与其他空间有很好的交通联系,非常容易逃逸。这也是为什么各类火车站、汽车站是大受窃贼与行骗者欢迎的地方,而一些在夜间无人游览的公园、广场成为分赃或者密谋的理想场所的原因。因此,空间组群的全局集成度是安全性的另一个负向调控因子。

尽管空间安全性并不等同于犯罪量的多少,但是它在一定程度上可以通过犯罪数量来反映,因此,可以通过如下方法来测算空间安全性 A 的影响因子 MC_n、MC_3、MC_k 和 MR_n 的影响权数。

首先,通过社会调查,获得不同空间单元内的年犯罪案件数目,用字母 C 表示。

然后,用 Depthmap 软件计算空间组群中空间单元的 C_n、C_3、C_k、和 R_n(关于这几个量的详细解释,见 3.2.3)。

将 C 与 C_n、C_3、C_k 和 R_n 每组数据为一竖列,输入 excel,再分别计算 C 与 C_n、C_3、C_k 和 R_n 的决定系数 R^2(相关系数的平方,即拟合度),分别为 R_1^2、R_2^2、R_3^2、R_4^2。

最后,将 R_1^2、R_2^2、R_3^2、R_4^2 进行归一化,就得出 MC_n、MC_3、MC_k 和 MR_n 对 S 的影响权数。

经统计、计算后安全性 S 的公式如下:

$$S = 0.3MC_n + 0.3MC_3 + 0.2MC_k - 0.2MR_n$$

(具体计算见附录 4)

3)理解度

理解度(Intelligibility)有时也被称为智能度,它的意义在于表达人们对大尺度空间组群的认知状态。因为人对于空间的理解,基本取决于视线所获得的信息,因此这一属性是基于人的视觉功能而得来的。在可理解度较高的空间组群中,局部空间信息(局部空间结构特征)的提示与空间宏观结构特征是一致的,人们就能够将对片段性的小尺度空间组群的认知,整合成更大尺度的空间认知。

当空间组群的使用者在组群内穿行时,他(她)的视线范围将会发生两个层面的变化:一是轴线的变形,在规则的方格网状空间系统中,人的视线可以从这一端直接到达另一端,而当方格网发生变形时,人的视线就会被建筑物所阻断而不得不改变其方向。另一个层面是凸空间①的变形，随着人的移动，这些二维面不断变化其方向和形状，并同时形成了连续的视觉空间。直觉经验告诉我们，任何一个移动着的使用者，在任何一个层面上都会经历持续不断的变化，但是这两个变化着的视域范围又是不同的。这两种不同层面的观察经历所发生的不同变化，会使得使用者对于空间的理解产生差异，也就是说在移动过程中，不同的视域变化会导致不同的空间理解。

比尔·希利尔教授及其团队，在通过大量验证后发现，理解度与空间的全局集成度和连接度相关。② 如果每个空间单元的连接度越高的同时，它们的集成度也越高，那么就意味着局部可见的空间与整体不可见的空间有着很好的吻合性，那么这个空间组群就更容易被理解。在散点图中，将全局集成度 Integrating(HH)设为 X 轴，将连接度 Connectivity 设为 Y 轴的话，如果所有散点有着良好的线性回归，则意味着该空间组群的理解度较高。因此，可理解度的具体大小可以被描述为样本的决定系数 R^2（即相关系数的平方，或称拟合度）值。每一个空间组群的 R^2 值都可以通过 Depthmap 软件或者 Excel 软件计算得出。

4）特色度

特色度的概念来源于比尔·希利尔教授对于"部分与整体"③的考察。他的研究，证明了由表达局部集成度与全局集成度的线性关系的回归线所产生的斜率与一个空间组群的特色度有关。在这一线性回归较好的前提下，局部整合度越高于全局整合度，则这一空间组群越有可能形成特色。如果将全局整合度设为 X 轴，局部整合度设为 Y 轴，那么一个空间组群的特色度 U 就可以采用下面的公式计算出来：

$$U = k（k 为以 R_3 为 Y 轴，R_n 为 X 轴时的回归线斜率）$$

其中，R_3 是该空间组群中空间单元的三步集成度，R_n 是该空间组群中空间单元的全局集成度。

当然这一公式成立有一个前提，那就是 R_3 与 R_n 之间有着良好的线性回归，通过 Depthmap 或者 Excel 软件计算决定系数 R^2（即相关系数的平方，或称拟合度），若 $R^2 > 0.5$ 时，U 值才

---

① 凸空间是指该空间内部任意两点之间没有视觉障碍
② 参见比尔·希利尔著.空间是机器.杨滔,译.北京:中国建筑工业出版社,2008.第69-76页
③ 参见比尔·希利尔著.空间是机器.杨滔,译.北京:中国建筑工业出版社,2008.第100-102页

可以通过上述公式进行计算,否则说明空间组群没有产生特色的可能性。当 $R^2<0.5$ 时,则将 U 值定义为 0。

3.2.3 空间群属性标准值的影响因子(空间整合度三级因子)

首先,在空间组群中,每一个空间单元都有其自身的空间属性,这些空间属性在轴线图中表现为每条轴线的属性值。空间组群的属性标准值与空间轴线的属性值直接相关。如果,我们用 M 表示一个空间组群的空间属性标准值,用 X 表示空间轴线的空间属性值,用 K 表示空间组群中的空间轴线数量的话,那么:

$$M = \sum X/K$$

因此,相应的有:

$$MC_n = \sum C_n/K$$

$$MC_3 = \sum C_3/K$$

$$MC_k = \sum C_k/K$$

$$MR_n = \sum R_n/K$$

$$MR_3 = \sum R_3/K$$

其中,C_n 为空间全局($r=n$)选择度(Choice Norm);C_3 为空间局部($r=3$)选择度(Choice R_3 Norm)。选择度的含义为:空间使用者在空间组群的视线网络中任意挑出两条不相交的视线,并在视线网络中寻找这两条视线之间拓扑步数最少的路径,每两条不相交的视线间都存在一条这样的"最短路径",那么某个空间单元上通过这样的"最短路径"的个数就是该空间的选择度。选择度越高,说明这个空间越容易被使用者穿过。在Depthmap 的具体计算中,还会考虑到视线之间的交角以及视线之间的实际距离等因素,而 Choice Norm 值,是取消了空间数量影响后的选择度值。

R_n 为空间全局($r=n$)集成度(Integration HH);R_3 为空间局部($r=3$)集成度(Integration HH R_3);集成度是一个由拓扑深度计算出的数值。为了更便于分析,Philip Steadmen 在 1983

年用"相对不对称值"（Relative Asymmetry，简称 RA）将深度值进行了标准化，采用的公式为"$RA=2(MD-1)/(K-2)$"，其中 MD 是空间平均深度①。然后又将 RA 取倒数来与空间单元的重要程度正向相关。为了加大不同空间单元的 RA 倒数值之间的差异性，以便于比较，后来又用了"真正相对不对称值"（real relative asymmetry，简称 RRA）来替代 RA，计算公式为 $RRA=RA/D_k$，其中的 $D_k=2\{m[\log_2(((m+2)/3)-1)+1]\}/[(m-1)(m-2)]$，于是最终 $R_n=1/RRA$。

选择度与集成度都包含"全局"和"局部"两种数值，"全局"值是指半径 $r=n$，也就是半径无限大时计算出的相应数值。这一数值是从某一个空间单元出发，考虑给定片区内所有空间与其关系后的计算结果。而"局部"值中的半径 r 被限定了一个数字，如本书中将 r 设定为 3。这意味着该"局部"值是从某一个空间单元出发，只考虑拓扑步数在 3 步以内的空间与其关系后的计算结果。"全局"值善于表达某空间单元在整个空间系统中的作用和属性，而"局部"值更侧重于表现某个空间单元在小范围内的作用和属性。在本书中，之所以设定 r 为 3，是因为在对所选的案例进行计算时，尝试了 $r=2$、3、4、5、6 之后发现，当 $r=3$ 时计算得出的轴线图最接近现状的实际情况，故而，本书中所有的"局部"值都是指 $r=3$ 时的计算结果。

这些空间属性值均由 Depthmap 软件计算得出，用以描述空间单元在整个空间组群中所具备的属性。它们具备两个特点：

首先，这些属性都是描述某个空间单元在它所处的空间关系中所呈现的特征，一旦该空间脱离了它所处的空间组群，这些属性就没有意义了。同时，空间组群中任意两个空间单元的关系有所改变，这种改变将会不同程度地影响到所有空间单元的属性值。因此，使用这些属性值的第一个原则，就是要始终将空间单元放置在它原本所处的空间组群中去获得和分析它的空间属性。

其次，上述空间属性除了可以描述空间单元的某些特征，它们的数值还排除了空间单元所处空间组群中空间数量的干扰，

---

① 详见 Philip Steadman. Architectural Morphology（Architecture & Design Science）. Pion LTD：1983，第 217 页

可以直接用来比较不同空间组群中两个空间单元的特征。

然而,这些变量都是用来描述空间单元个体的相关属性的,因此需要先将它们进行求和才能得到用以描述空间群属性的值。但求和后,包含空间单元数量较多的空间组群就会获得数量上的优势,可能出现即便每一个空间单元的属性值都较小,但由于数量多而在总和上大于所含空间单元数量少的空间组群的属性值。因此,进一步用总和除以空间数,这样就可以得到用于比较不同空间组群的空间属性标准值。

需要特别指出的是,对空间群连接度的标准值进行计算时,公式 $MC_k = \sum C_k/K$ 中的 C_k 并不是空间单元的连接度 Connectivity(C_O)。因为由 Depthmap 计算得出的连接度表示的是在空间组群中,与某一空间直接相连的其他空间的数量,因此连接度是与空间群总数量有关的。假设,在一个空间组群中,空间单元总数量为 100,而其中的某条街道(空间单元)与其他 10 条街道直接相交,那么这条街道的连接度为 10。而在另一个空间组群中,空间单元的总数量为 50,其中一条街道也与另外 10 条街道相交,那么它的连接度也为 10。从连接度数值来看,两条街道的连接度是一样的。但实际上,处在空间单元数多的组群中的那条街道,其在组群中所起到的连接效率显然不如后一条街道。为了更好地揭示空间单元在空间系统中的作用,将空间单元连接其他空间的个数(即连接度)除以所处空间组群的空间总数,可以得到该空间单元的连接度比值。这个比值可以用来比较处在不同空间组群中的空间单元的连接能力。用公式表示如下:

连接度比值 $C_k = C_O/K$

若 C_k 越大,说明该空间在所处空间组群中的连接能力越强,对整个空间组群的视线与路线通达程度贡献度越高。C_k 与 C_n、C_3、R_n、R_3 等一样,是在排除了空间数量影响后的,描述空间单元特性的属性之一。

将 C_k 代入公式 $MC_k = \sum C_k/K$ 中,才得出空间组群的连接度标准值。

3.2.4　算法小结

将以上各层因子及其算法步骤进行总结如下:

首先,通过 Depthmap 软件得出各轴线的空间属性值,即三级因子:

Choice(norm)——全局选择度 C_n

Choice R_3(norm)——3 步选择度 C_3

Integration(HH)——全局集成度 R_n

Integration(HH) R_3——3 步集成度 R_3

通过 Depthmap 计算连接度 Connectivity(C_O),代入公式 $C_k = C_O/K$,K 为空间组群中空间数量,得到最后一个三级因子——连接度比值 C_k。

然后,假设三级因子为 X,将其代入公式 $M = \sum X/K$,计算出二级因子 M。二级因子包括全局选择度标准值 MC_n、局部选择度标准值 MC_3、连接度标准值 MC_k、全局集成度标准值 MR_n、局部集成度标准值 MR_3。

接下来,将二级因子分别代入相应公式计算一级因子:

便捷性 $A = 0.2MC_n + 0.3MC_k + 0.5MR_n$

特色度 $U = k$(k 为以 R_3 为 Y 轴,R_n 为 X 轴时的回归线斜率;R_3 与 R_n 的决定系数 $R^2 < 0.5$ 时,则将 U 值定义为 0。)

安全性 $S = 0.3MC_n + 0.3MC_3 + 0.2MC_k - 0.2MR_n$

理解度 $I = R^2$(R^2 为连接度与全局集成度的决定系数)

最后计算空间组群的整合度:

整合度 $N = 0.4A + 0.2I + 0.1U + 0.3S$

(以上公式中的权重,均来自对西安市内空间的调研数据,因此仅适用于西安市。)

3.3 以时间为参照的纵向比较

3.3.1 比较的意义、对象和原则

本书的关注点在于城市空间的整合度以及它的影响因子的研究。因此,首先需要了解城市空间的整合度及其影响因子本身都发生了怎样的变化,以揭示该城市空间组群整合度发生变化的原因,并进一步推测其未来的发展趋势。这一变化的发现,则需要通过以时间为参照进行比较研究。

在本书的案例研究中,每一个案例都要进行两个层面的纵向比较。第一,对城市片区的空间组群属性历史数值和现在数值进行比较,以获得该片区的整合度一级、二级影响因子的变化趋势与程度,和由此而产生的整合度变化趋势与程度。第二,对该片区内的遗产空间组群(片区空间组群的子系统)本身也进行同样的纵向比较,以获得遗产空间的变化趋向和程度。通过这两种比较,可以发现城市空间的整合度在建筑遗产开发前后,是增高了还是降低了,由此进一步获悉遗产空间组群对所处城市空间组群产生何种影响的初步判断。

以时间为参照的纵向比较首先有以下三个原则:

其一,被比较的对象双方必须是同一个空间组群在不同时期的空间结构。例如,对某一城市片区和该片区本身进行比较,或者对某一遗产空间组群和本遗产空间组群作比较。而不能用遗产空间组群(局部)和片区空间群(整体)作比较。

其二,被比较的变量也必须是同一个空间组群在不同时期的同一对空间属性。例如,比较城市中片区 A,在 2000 年与 2010 年的便捷性的变化;或者片区 B 在 2000 年与 2010 年的全局集成度标准值的变化。

其三,对于历史和现在时间节点的选取,需要能够反映出建

筑遗产开发前后对所处城市空间影响的不同,因此,历史节点应选在建筑遗产开发再利用之前。

此外,还有一个重要原则是始终要将建筑遗产空间组群作为其所处城市片区空间组群的子系统来研究。因此,在使用 Depthmap 软件进行遗产空间组群的空间属性分析时,所使用的平面图仍旧应该是片区空间的平面图,而不能将遗产空间组群从中单独提取出来,另外生成轴线图来进行数据分析。

3.3.2　比较方法

纵向比较的具体方法是用空间组群现在的属性值,减去历史属性值,然后分析二者之差。

用字母 M 表示空间组群整合度的所有二级因子,M_1 为通过历史地图和 Depthmap 软件获得的片区空间组群历史属性标准值,M_2 为其现在的属性标准值;同时 M_{y1} 表示建筑遗产空间组群的历史属性标准值,M_{y2} 为其现在的属性标准值,那么:

片区空间组群二级因子纵向比较:$M_2 - M_1 = a_m$

遗产空间组群二级因子纵向比较:$M_{y2} - M_{y1} = a_{my}$

同样,用字母 F 表示空间组群整合度的所有一级因子,F_1 为计算出的历史值,F_2 为现在的因子值,那么:

片区空间组群一级因子纵向比较:$F_2 - F_1 = a_f$

遗产空间组群一级因子纵向比较:$F_{y2} - F_{y1} = a_{fy}$

a 为因子的增幅,若为正表示正向增长,为负表示衰减,其绝对值的大小表现了变化的程度。

(从本节之后,表示不同变量的字母右下角将会出现说明性的下标,下标有以下几类:"1"表示该变量为历史属性;"2"表示该变量为现状属性;"y"表示该变量为遗产空间组群的属性;"f"表示该变量由一级因子计算出;"m"表示该变量由二级因子计算出,例如"a_{my}"表示该因子增幅 a 为遗产空间组群二级因子的增幅,"d_{f1}"表示该因子值差 d 为一级因子在历史上的因子值差。)

3.4 静态影响分析

3.4.1 比较的意义、对象和原则

分别获得片区空间组群和建筑遗产空间组群的变化结果之后,需要进一步做子系统对母系统的影响分析。首先进行的是静态影响分析,即进行同一时间节点内,子系统对母系统的影响研究。由此,获得建筑遗产空间在不同的时间节点上,分别对城市片区空间产生了哪些方面、什么程度与趋向的干扰。

在具体的案例研究中,是将建筑遗产空间组群的属性标准值与所处片区空间组群的属性标准值进行横向比较,从中判断其影响趋向和影响度。

这一比较的原则在于:

(1) 被比较的对象是建筑遗产空间组群(子系统)与其所处的城市片区空间组群(母系统)。

(2) 被比较的因子值必须处在同一时间节点内。这样才能分析出在这一时期,建筑遗产对城市空间的影响作用。

(3) 与纵向比较一样,在使用 Depthmap 软件进行遗产空间组群的空间属性分析时,所使用的平面图仍旧应该是片区空间的平面图,而不能将遗产空间组群从中单独提取出来,另外生成轴线图来进行数据分析。

3.4.2 比较方法

1) 散点图

由 Depthmap 生成的散点图,其实是一种关联分布图,可以反映不同变量之间的关联程度。散点图中的每一个点,都代表空间组群中的一条轴线,纵坐标和横坐标分别表示两个变量,因

此,通过散点图我们可以非常直观地看到轴线在不同变量上的分布。

如果将 X 轴设为轴线编号,将 Y 轴设为任何一种空间属性(比如下图所示的连接度),那么我们就得到了该空间组群中所有轴线在该属性值上的分布图。如果进一步亮显建筑遗产的轴线,就能够直观地看到,建筑遗产空间组群的该属性值大体处在整个片区空间组群的该属性值的哪些位置上。

以图 3-1 为例,横轴为片区空间组群轴线编号,纵轴为连接度。将其中的建筑遗产空间亮显为较大的"×",我们就可以直观地看出,遗产空间组群中的轴线普遍处在片区空间组群中连接度值较高的位置上。这意味着,遗产空间组群对整个片区组群的连接度有着提高的作用。

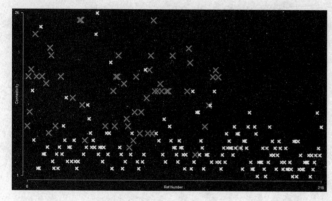

图 3-1　部分轴线亮显后的散点图

图片来源:作者通过 Depth-map 自制

通过散点图,可以看出大致的影响趋势,但不够准确。

2)影响趋向的计算

当在片区空间组群轴线图中,选择了遗产空间组群的轴线时,数据表中相应的轴线编号也被显示出来。因此,可以获得遗产空间轴线的相关属性数据。通过这些属性,可以进一步计算出遗产空间组群的整合度及其一级因子与二级因子。

假设遗产空间组群的整合度一级因子与二级因子分别为 F_y 与 M_y,片区空间组群的一级因子与二级因子分别为 F 和 M,则有

二级因子历史影响趋势:$M_{y1} - M_1 = d_{m1}$

二级因子现状影响趋势:$M_{y2} - M_2 = d_{m2}$

一级因子历史影响趋势:$F_{y1} - F_1 = d_{f1}$

一级因子现状影响趋势:$F_{y2} - F_2 = d_{f2}$

d 为因子值差,它们的正负说明了遗产空间组群对片区空间组群在该项因子上的影响趋向。正为提高,负为降低。

3)影响度的计算

获得了影响趋向的结果后,进一步量化建筑遗产空间组群的影响度。相关公式如下:

二级因子历史影响度:$[\,|\,d_{m1}\,|\,/\,|\,M_1\,|\,]\times 100\%=i_{m1}$

二级因子现状影响度:$[\,|\,d_{m2}\,|\,/\,|\,M_2\,|\,]\times 100\%=i_{m2}$

一级因子历史影响度:$[\,|\,d_{f1}\,|\,/\,|\,F_1\,|\,]\times 100\%=i_{f1}$

一级因子现状影响度:$[\,|\,d_{f2}\,|\,/\,|\,F_2\,|\,]\times 100\%=i_{f2}$

i 就是影响度,它表示了建筑遗产空间组群在该项因子上对整个片区的影响程度,i 值越大,则其影响程度就越高,i 值越小,则影响程度越低。依据目前的计算经验,考虑到计算误差,当 $i\leqslant 3\%$ 时,则忽略不计,认为影响度为 0;当 $3\%<i\leqslant 30\%$ 时,认为影响度为轻微影响;$30\%<i\leqslant 60\%$ 时,认为该影响适中;$i>60\%$ 时为显著影响。

3.5 动态影响分析

3.5.1 比较的意义、对象和原则

由于任何一个空间组群都是一个不断变化的系统,所以仅分析两个组群间的静态影响是不够的。动态影响分析的意义在于能够揭示二者作用趋势上的变化。因为两个系统在各个属性上的变化并不是完全同步、同向的,因此,子系统对母系统的影响程度和趋向也不是固定不变的。在获得子系统在某一时间节点上对母系统产生了怎样的影响之后,通过进一步的动态影响分析,可以得知在二者持续演变的过程中,子系统对母系统的影响随之发生了怎样的改变。

在动态影响的分析中,被比较的双方依然是子系统与母系统,即建筑遗产空间组群与所处城市片区空间组群。但是,被比较的变量从因子值本身转变为因子的增幅值。也就是将二者在各因子上的变化量进行比较,来获得子系统对母系统动态的影响趋向和影响程度。

该分析的原则在于:

(1)被比较的对象是建筑遗产空间组群(子系统)与其所处的城市片区空间组群(母系统)。

(2)比较的因子增幅是同一因子在同一时段区间内的增幅。例如用建筑遗产空间组群从 2000 年至 2012 年间的连接度标准值增幅,与片区空间组群从 2000 年到 2012 年的连接度标准值增幅。

3.5.2　比较方法

1）影响趋向的计算

首先对动态影响趋向进行量化分析。假设 a_y 是遗产空间组群在某一个因子上的增幅，a 是片区空间组群在该因子上的增幅，则有

二级因子影响趋势：$|a_{my}| - |a_m| = d_m$

一级因子影响趋势：$|a_{fy}| - |a_f| = d_f$

因为，a_y 和 a 分别是两个空间组群在该因子上的增幅，其绝对值表示了该因子的变化速度，因此 d（增幅绝对值差）表示了它们二者变化的速度差。这意味着，若 a_{my}、a_m 和 d_m 均为正，则建筑遗产空间组群对整个片区在这个因子上的变化拉动力是越来越大的，子系统对母系统的动态影响趋势为加速影响。若 a_{my} 和 a_m 均为正而 d_m 为负，则建筑遗产空间组群对整个片区在这个因子上的变化拉动力是越来越小的，子系统对母系统的动态影响趋势为减速影响。若 a_{my} 和 a_m 一个为正一个为负时，则无论 d_m 的正负，子系统对母系统的动态影响趋势均为减速影响。

2）影响度的计算

在将 d 取绝对值后，除以片区空间组群的相应因子增幅，可以求出遗产空间组群对该片区空间组群在此因子演变过程中的动态影响度。用公式表达如下：

二级因子影响度：$[|d_m| / |a_m|] \times 100\% = i_m$

一级因子影响度：$[|d_f| / |a_f|] \times 100\% = i_f$

动态影响度 i 值越大，说明动态影响程度越强，反之则反。

3.6 小结

本章首先阐述了研究的理论基础,从空间自组织与系统论、空间句法理论和新都市主义理论的角度阐明了研究目标与研究方法的理论依据。然后通过社会调查与软件分析相结合的方法,逐层解析空间整合的各层因子,并推演各因子的计算公式,将空间整合代入量化研究。最后提出了下一步进行实证研究的具体研究途径,即先进行空间群整合度的纵向比较,然后分析建筑遗产空间组群对片区空间组群的静态影响,最后分析其动态影响和趋势。

对于第 2 章中所提及的各项城市问题本章都一一予以回应。指出可以通过提高空间的便捷性、安全性、特色度和理解度来提高城市空间的活力,加强城市安全,并优化城市特色和空间认知的问题。

第 4 章

建筑遗产与城市空间整合的实证研究

4.1 案例的选取

4.1.1 选取标准

由于本研究的核心是在城市空间出现了诸多问题和建筑遗产大开发的背景下,运用系统观念,分析建筑遗产对城市空间的影响作用,探讨如何利用建筑遗产来优化城市空间,并以此建立建筑遗产空间与城市空间的良性关系,最终获得城市空间整合度提高为目标。因此,对于研究案例的选取也要从几个方面来着手。

首先,要选取城市问题相对集中的地段,通过分析空间关系寻找该问题产生的原因,从而有助于解决这些问题。

其次,要选取城市空间发展变化较大的地段,因为在这些地段中,新建成的空间与人的实际活动之间的矛盾较为明显,城市空间自组织速度跟不上人为建设速度,还没能"消化"这些矛盾。对这样的地段进行研究,有利于及时更正建设中存在的问题,也可以为新的规划设计提供参考经验。

再次,所选案例地段的建筑遗产要相对密集,或者对周边的影响力较强,这样的地段对于研究如何利用建筑遗产空间来提高城市空间整合度更具有典型性。

最后,在选取的案例中,建筑遗产空间组团本身最好也能有较为明显的变化,具体来说就是建筑遗产在城市发展过程中同样被开发再利用了。因为本研究的两个研究对象是建筑遗产空间和城市空间,前者是后者的一个子系统。目前,建筑遗产再利用的潮流如火如荼,选取在城市发展过程中经历了开发再利用的建筑遗产,可以把开发前后的空间状态加以比较,从中总结出经验得失,有助于对以后的建筑遗产开发再利用方式提出指导性建议。

4.1.2　西安的典型性

西安市的行政区划范围很大,但区域发展各有不同,就本书而言,着眼点在于城市空间的发展与遗产空间的结合,因此,更倾向于选择研究城市发展迅速、建筑遗产空间密集型地区。

1) 西安市建筑遗产的保护与再利用

从西安市的第一轮整体规划开始就对建筑遗产有一定的保护政策,但对遗产的重视程度是逐步增强的,对其保护、利用的策略,也有所变化。

在第一轮整体规划中,有关文物、古建筑、遗址方面的具体规定很少,大都是被动式的保护,或者是遵从中央文化部的决定,做出相应的城市布局。在规划中,仅对西安钟楼、鼓楼、城墙、大雁塔、小雁塔几个价值特别重大,且对西安市的整体布局已经产生重大影响的古迹实施了保护政策。从理念上,没有明确的城市遗产与城市发展相结合的意识,而是将二者割裂开来分别处理。从保护范围来说,没有注意到除了国家级文物以外,还有许多建筑遗产也是弥足珍贵的,可以为后世留下丰富的物质、精神财富。从保护策略来讲,并没有将遗产纳入城市建设体系,更多是采用了规避的办法,将城市建筑遗产"隔离"出城市空间系统。在具体的保护方法上,利用了一些建筑遗产用地作为城市的局部绿化。

在第二轮(1981年编)整体规划中,文物保护与旅游建设被关联在一起进行总体部署。在市区内,对朱雀大街、明德门、慈恩寺－大雁塔、荐福寺－小雁塔、青龙寺、大兴善寺、兴庆宫、大明宫进行了保护、维修、建立博物馆等措施,并开设公交线路进行连接。对城墙以内(城市中心区)的古迹如钟楼、鼓楼、大小清真寺、广仁寺、东岳庙、城隍庙、八仙庵、孔庙－碑林、卧龙寺加强了保护,并与公园绿地相结合。保留了从书院门到府学巷民国院落、住宅。对于城市外延的古遗址(丰镐遗址、汉长安城遗址、阿房宫遗址等),提出了建设遗址公园的想法,并将一系列遗址纳入园林规划。开设了以西安为中心的东线(至骊山、华山、秦陵)、西线(乾陵、昭陵、大佛寺)、南线(翠华山、南五台、楼观台、大佛寺)和北线(咸阳、黄陵、延安)四条旅游线路,把对遗产的开发扩展到全省范围的系统化领域。当时提出拟建旅馆二十处,拟接待量仅为 9 700 人。总体看来,第二次规划已经意识到建筑遗产可以成为重要的旅游资源,来推动城市的发展,也开始有意识地将分散在城市各处的遗产进行系统化的串联。就保护范围来讲,明确拟定了三级保护范围,在保护对象上也有所扩充。

从西安市第三轮整体规划开始,专门设立了"历史文化名城保护"专项,并从此开始了遗产利用和城市发展相结合的探索之路。在该专项规划中,明确提出了要从城市的发展战略、规划布局和城市设计等方面统筹安排,将保护与建设相协调。对西安的保护要维护和延续古城格局,并且发扬和继承传统文化。可以看出,城市的格局与整体风貌开始成为保护的目标之一。规划中还将城市遗产按照朝代划分为秦、汉、唐、明清、民国几大类,并试图通过规划措施,将同时代的建筑遗产进行串联,以使人们(主要是游客)通过对遗产的游览,体验到某个时代的西安(长安)风貌。具体的方法,则是对重点保护单位的保护区、协调区和文物环境影响区内的新建建筑严格把控,力求风格上的一致,同时在旅游线路上增加主题碑刻、雕塑等城市小品。

现行的西安市第四轮整体规划,进一步加大了"历史文化名城保护规划"的力度。并将保护规划细分为都城遗址、宫殿遗址、帝王陵寝、历史重要事件遗址、城市历史格局、人类活动遗址、宗教文化活动、历史文化街区、自然生态环境、近代建筑、古镇古园林、古树名木和非物质文化遗产共十三个专项,从分类情况来看,几乎涵盖了所有自然、文化遗产。就保护途径来说可以划分为两大类:旅游开发和文教展览。二者又以旅游开发为重点,开辟多条旅游线路和不同的旅游主题,几乎遍布西安市各个区域。

纵观西安市整体规划中对于建筑遗产的态度,从好的方面来讲有以下两点:第一,从对建筑遗产采取回避、隔离的保护态度,转变为对其积极地利用、更新。第二,发现了建筑遗产可以通过旅游开发为城市经济带来巨大的收益。但也有一些不足之处:首先,旅游业的开发固然可以带动经济,但是对市民的生活空间影响也很大,二者的矛盾目前尚没有很好地调节。第二,对建筑遗产的利用方式非常单一,导致建筑遗产空间与城市空间的结合方式也相对单一,而这种结合方式未必都适应所有的城市空间组群。

2）西安市建筑遗产概览与分布情况

西安有着丰富而悠久的历史，承载了众多文物古迹。截至2011年，位于西安市辖区内的全国重点文物保护单位和国家级大遗址共有41处；省级重点文物保护单位92处；市级文物保护单位23个。此外还有区县级文物保护单位128处，其中长安区22处；临潼区42处；户县28处；周至25处；蓝田11处；高陵25处。因此，据资料①统计，陕西省西安市辖区内共有各类建筑遗产共138处。

依照国家文物局的分类方法，被列为文物保护单位的建筑遗产位置分布如表4-1所示：

表4-1 西安市文物保护单位数量与分布统计

位置	古遗址类			古墓葬类			古建筑类			近现代史迹及代表性建筑			大遗址	总计
	国家	省级	市级	国家	省级	市级	国家	省级	市级	国家	省级	市级	国家	
新城	1	1			1		3		2	1	3		2	14
碑林	1	1			1		3	3	2		2	2		16
莲湖	1	2					3	4	4		1			15
未央		1	1			3			1				2	8
雁塔		1		1	2		2	1	1					8
长安	1	1		1	2		4	5			1			15
灞桥	1	1			2	2			2					8
临潼	2	1		2	1								1	7
阎良			1		1						1			3
高陵	1	1			4		1				1			9
户县		3			4		3	9					1	20
周至		4			2		3	6						15
蓝田		3					1				1			5

① 灞桥区资料来源为国家文物局网站、陕西省文物局网站和陕西省文物局编撰的《陕西文物年鉴》

　　从上述建筑遗产的地理分布情况来看,它们遍布西安市各区。从数量上说,以西安市新城、碑林、莲湖、长安、户县和周至数量较多。但是长安区、户县、周至在面积上远超中心的新城、碑林、莲湖三区。新城区面积为 35 km²;碑林区面积为 22 km²;莲湖区约 40 km²,而长安区为 1 580 km²;户县 1 255 km²;周至 2 965 km²。因此,实际上就西安市建筑遗产分布的密度来说,各区域没有明显的差别。

　　3) 西安市城市发展概况

　　西安市位于陕西渭河流域的关中平原,东至零河和灞源山地,西抵秦岭山脉中的太白山,南依秦岭,北距渭河以北的黄土高原。西安市略呈斜三角形,其最北端在临潼区关山乡,北纬 34°45′;东端在蓝田县灞源乡,东经 109°49′;最西南端位于周至县后畛子乡,北纬 33°39′ 和东经 107°40′。东西最长 204 km,南北最宽处 116 km,总面积为 10 108 km²。渭河平原土地肥沃、气候温和,占据渭河中下游地区,平原西高东低,海拔从 750 m 到 325 m,其中西安地区的海拔为 345 m 至 442 m。

　　从全国范围来看,西安市深处大陆腹地,我国的大地原点在西安市北 45 km 的泾阳县永乐镇北洪流村境内。行政区划辖九区四县,分别为新城区、碑林区、莲湖区、灞桥区、未央区、雁塔区、阎良区、长安区、临潼区和高陵县、户县、周至县以及蓝田县。常住人口约 850 万人。

　　自新中国成立以来,西安市共制定实施了四次发展规划,决定了西安的城市发展轨迹和发展方向。

　　① 20 世纪 50 年代

　　新中国成立初,西安市人民政府初步确定西安市的城市性质,是以轻型的精密机械制造和纺织业为主的工业城市。[①] 当时,西安市区面积约 234 km²,建成区为 16.87 km²,郊区为 217.13 km²,建成区是城市面积的 7%。人口在五年内从建国初的 55 万人,增长至 80 万人,其中城市人口 68.7 万,占总人口的 86%。民族以汉族为主,回、满、藏等族占 3%。人口密度约每公顷 600 人,但人均建筑面积仅为 5 m²。当时的西安房屋矮小,水、电、交通等城市设施都不齐全,厂房与住房混杂,居民的

---

　　① 和红星主编. 古都西安 特色城市. 北京:中国建筑工业出版社,2006. 100

生活条件非常糟糕。

在西安市第一次总体规划中考虑到,一方面陇海线贯穿城市北部,阻碍了市区向北的发展,另一方面,城北偏西部分是汉长安城遗址,当时还未发掘,不宜新建建筑,因此在城市布局上主要往南发展。整个城南区域地形平坦,土壤的最大承受压力为 $98 \times (2.9 \sim 8.9)$ kPa,非常适合工业及住宅用地。而且,城市南区三面被龙首塬、少陵塬与神禾塬环抱,南向终南山,自然地理条件优越,历史上也有在此建设城区的经验。西安市政府据此作出的第一轮规划,在原来市区的基础上向南至浐河为扩建基地,而陇海铁路以北则为城市发展备用地区。

可以看出,本次规划解决的是西安市居民基本的居住、就业问题,对文化、旅游等更高层面,都未加以详细考虑。但这次的规划,却奠定了在后来的几十年间,西安城市建设重南轻北的局面,以及西安城市居民对南郊的好感胜于北郊的城市意象。

图 4-1　西安市第一次总体规划图
图片来源:西安市规划局,西安市城市研究院编. 西安市第四次城市总体规划. 2009

② 20 世纪 80 年代

1981 年西安市城市规划管理局对西安市进行了第二次总体规划,这一次将西安市的城市性质确定为:我国历史文化名城,陕西省政治、经济、文化中心,在保持古都风貌的基础上,逐步将西安建设成为以轻工、机械工业为主,科研文教、旅游业发达,经济繁荣,环境优美,文明整洁的社会主义现代化城市。[①]

当时的西安人口已达 130 万,超出了原先估计的 122 万人。

---

① 和红星主编. 古都西安 特色城市. 北京:中国建筑工业出版社,2006. 104

人口的超预期发展,影响了城市布局。一些工业区不得不建设在规划区外,甚至在规划区内设置了一些有污染的工厂厂房。工业区与一些居住区距离较远,一些单位在厂区内加建住宅。由于第一轮规划没有考虑周全,大量新兴的小型工业见缝插针地建设在城市的各个区域内,对居住环境也造成了很大的影响。交通方面的问题也很多,街道宽度的反复变化,使得沿街建筑杂乱无章。原来的交通体系对干道的分类不够明确,建设时又没有完全按照规划实施,导致一些城市交通直接进入居住区,一些过境交通直接进入了市区。公共停车场也没有规划到位。

第一轮规划中对文物的保护也考虑不周。在随后的城市发展中,许多遗址的周边都建设了工厂和高大建筑。如阿房宫遗址的近邻,就是西安钢铁厂;半坡博物馆的路对面就是浐河化工厂与混凝土预制厂;大明宫遗址仅保留了整个遗址区的五分之一,其他面积均被厂房、住宅侵占。

基于以上问题,第二次整体规划做出了以下一些调整:

第一,由于城市水源紧张,禁止在市区内新建大中型工业。原规划中的西南郊备用工业用地,因占据了唐长安城城墙内区域,且为城市的上风向,改变为居住用地。西郊金家堡的工业用地,因为现地区居住用地不足,改为居住用地。西郊化工厂污染严重,应加以严格控制,不再扩大,并且加植防护绿化带。沙坡的新安机械厂,因紧靠青龙寺且位于居住区内,不得扩大,且要考虑迁移。旧城生活区内的工厂、手工业一般应予以搬迁,后者也可考虑改变生产性质,按同类性质合并为工业街坊,不与居住区混杂。工业街坊尽可能靠近一级道路,并且与居住区之间用10～50 m的绿化带隔开。

第二,原仓储用地集中在陇海线以北,现在这一地区已没有空地。在陇海路南侧、火车东站南侧、外环线的西户铁路线附近各增设仓库区一处,以缓解城北的交通压力。为节约用地,新建库房应以多层为主,尽量利用原有库房进行内部改造。易燃易爆有害气体等危险品库区建设在浐河沿岸一代的沟道内。

第三,将原来位于城市中心的机场,搬迁至咸阳周塬。对外公路除了原有的公路主干线外,增加五个对外出入口,并将它们与城市的外环路相连通,避免城际交通穿越城区。针对陇海线运输压力过大的问题,在龙首塬北建设北环线,对车辆进行引流。在城南新建客运站,缓解城际交通压力。

第四,对于生活区进行分层管理,首先按照一级道路的网格,将生活区划分为"区"。每个区有一定的独立性,有居住点和工作点,有配套的公共设施。全市共分为十个区,分别为:旧城区、城东区、东南区、城西区、西南区、城北区、东北区、西北区、城南区、纺织区。每个区的人口在十五到三十万之间。其次,按一级道路和二级道路,将区划分为"街区",设街道办事处。全市共分 108 个街区,其中有一些是工业街区。每个街区面积在 40～180 hm²,人口约两万人左右。最后,将每个街区划分为三至四个街坊,规模在 20～40 hm²。

第五,加强对文物保护和旅游建设的重视度。将重要的历史文物、历史遗迹,纳入园林绿化系统,形成点、线、面结合的布局,来体现唐长安城的风格。建设遗址公园,对西安的风景园林区进行总体规划。恢复一些重要近代建筑文物的原貌。对古遗址划分一般保护区和重点保护区,对古建筑划分三个保护范围。建设旅游宾馆,开辟旅游线路。

西安市的第二次总体规划,是对第一次规划的重要修正完善,大大提高了对市民生活环境的重视,以及对城市建筑遗产的关注。梳理了城市道路网,确定了城市内部街区、街块空间组团的空间形式,基本决定了现代西安的城市空间肌理。

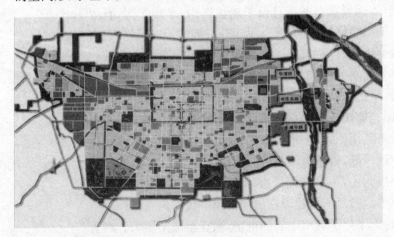

图 4-2 西安市第二轮总体规划图
图片来源:西安市规划局,西安市城市研究院编.西安市第四次城市总体规划.2009

③ 20 世纪 90 年代

1993 年,西安市城市规划管理局与西安城市规划设计研究院共同编订了第三次西安城市总体规划,规划期限为 1995 年至

2020 年。这次的规划所确定的西安城市性质如下："西安今后的发展要在保护历史文化名城的同时,以科技、旅游、商贸为先导,优化经济结构,促进电子、机械、轻工等工业的重组改造,优先发展高新技术产业,大力发展第三产业,逐步将西安建成经济繁荣、功能齐全、环境优美、具有自己历史文化特色和现代文明的社会主义外向型城市。"①

　　第三次总体规划在第二次的基础上,加大了从内向型城市向外向型转变的力度,从城市规模、城市布局、历史文化名城保护和近期建设四个方面对原规划进行了调整和修订。

　　在城市规模上,预计到 2020 年,西安市常住户籍人口为560 万人左右,流动人口约 90 万人左右。城市用地的规模需要与人口的发展相适宜,节约用地,紧凑发展。2000 年全市城镇的建设用地从 1990 年的 180 km²,增长到 270 km²。到 2010 年达到 355 km²,2020 年达到 555 km² 左右。市区城市建设用地到 2020 年增长至 440 km²。

　　在城市布局上,制定市域城镇体系,按照中心集团、外围组团、轴向分布和带状发展的形态布局,将全市划分为中心城市、卫星城和三级城镇体系。以中心城市为城市的主体,集合政治、文化和经济功能。按照中心集团、外围组团的原则,由中心市区(西安市三环以内)和环绕周围的未央、新筑、洪庆、六村堡、纪杨、纺织城、韦曲、草滩、汾河、临潼和阎良十一个外围组团组成。随着居住人口向外围组团扩散,控制城市中心区的人口密度,使得居住水平和城市环境得以提高,近郊大遗址得到妥善的保护。中心城市的布局原则是要缓解市中心区人口、产业过于密集的现状,将部分功能转移到周边。中心区域组团之间用绿化带隔开,用道路相连接。沿着关中地区的主轴向东、西两个方向延伸,以西安为中心,发展和渭南、临潼、咸阳、兴平组成的带状城市群。规划将长安、蓝田、临潼、周至、户县、高陵确定为卫星城。卫星城分担市区延伸的部分功能,并依据自身不同的情况和条件,建设成为相对独立、设施齐全且各具特色的新城。西安市已有建制镇 41 个,预计在未来的 25 年内发展为 55 个,并从中选择 15 个左右重点发展。

---

　　① 和红星主编. 古都西安 特色城市. 北京:中国建筑工业出版社,2006. 110

此次规划将城市的发展重心从城市中心逐渐向外侧转移，设法转变原来在城市发展上重南轻北、忽视东西两侧的习惯，制定了西安城市的扩张方式和地理范围。

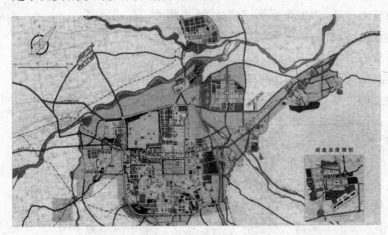

图 4-3　西安市第三轮总体规划图
图片来源：西安市规划局，西安市城市研究院编．西安市第四次城市总体规划．2009

④ 20 世纪 90 年代至今

目前西安市总面积为 10 108 km²，其中市区土地面积 3 582 km²，占整个西安市的 35.4%，郊县四县（蓝田、周至、户县、高陵）占有 64.6%。

从土地利用来说，1995 至今，西安耕地资源状况呈现出非常明显的减少趋势，2012 年人均耕地面积仅为 0.17 亩。具体而言，西安市 1980 年为 35.086 万 hm²，1990 年为 33.021 万 hm²，2000 年为 29.558 万 hm²，2008 年年末实有耕地面积为 26.051 万 hm²，2009 年为 25.859 万 hm²，到目前全市耕地面积不足 20 万 hm²。近 20 年来，西安市耕地面积以每年 0.4 044 万 hm² 的速度减少。与此同时，随着西安市经济建设的快速发展，近年来，西安市的建成区面积和建设用地面积均呈现不断增长的趋势。1997—2007 年西安市建设用地情况如下表所示。

表 4-2　1997—2007 年西安市建设用地情况

年份	1997	1998	1999	2000	2005	2006	2007
建成区面积（单位 km²）	162.0	162.0	186.97	187	231	261	268
城市建设用地（单位 km²）	155.14	161.39	168.61	175	231	277	277

其中主城区的扩展主要集中在二环与绕城高速之间,二环内的城镇建设用地面积扩展速度相对较慢;西安市的 3 个远郊区中长安区扩展倍数最大,在 1988—2007 年扩展了 7.39 倍,其次为临潼区和阎良区。西安市远郊区的城镇建设用地相对变化速度高于主城区,未来城市发展的格局逐渐呈现为主城区城镇扩展速度的相对放缓和郊区的规模不断增大的趋势。1997 年至 2010 年,国务院批准西安建设占用耕地指标为 13.5 万亩。[1]

从人口比重来说,2000 年的市镇人口为 450 万,比 1990 年增加了约 142 万,年均递增 3.85%。而农村人口则比 1990 年下降了 10.08 个百分点。城镇人口比重到 2000 年上升至 60.77%。与此同时,人口的流动还呈现向市区集中的倾向。据统计,在 2000 年城六区(新城、碑林、莲湖、雁塔、未央、灞桥)总人口占全市比重 49.57%,比 1990 年上升了 6 个百分点。

依据目前所执行的第四次规划,西安市未来的发展方向以城郊发展为重点已经明确,同时调整城市功能布局。加快发展"四区两个基地",即高新技术产业开发区、经济技术开发区、曲江新区、浐灞生态区、阎良国家航空高技术产业基地和西安国家民用航天产业基地,同时提高市内居住区质量、增加文化娱乐用地。

西安的城市发展在西北内陆地区具有一定的代表性,由于城市发展速度快,大面积的开发区、新区在开发之后还未经调整和适应。高速的建设伴随着许多城市问题的出现,例如:新建城区内往往活力不足,城市安全状况有待改善,空间雷同缺少特色和道路布局不利于方位的辨识等。这些问题在西安市都有着集中的体现,因此,以西安为例分析城市空间在发展中所出现问题的原因,在一定程度上可以对整个西部地区的城市发展建设提出参考。

4) 研究范围的确定

通过西安市城市意象的调查问卷发现,从城市范围来讲,西安市民普遍不以行政范围来划定市域范围。大约 47% 的人认为西安的城市市区范围以三环为界;大约 38% 的人则认为二环以内才属于城市区域;15% 的人(且大多数为外来迁入人口)认为西安城墙以内才可被称为市区。(本书采用的城市意象调查

———————————

[1] 数据来源:西安市第四次城市总体规划

问卷见附录1。)

对城市地图的认知标志点来说,几乎所有的被调查人都会第一步从钟楼、西安城墙以及东、南、西、北四条大街开始绘制城市地图,在西安居住时间较长的人还会在第二步画出二环的大体轮廓。即便是那些并没有在城墙以内长期居住或者工作过的西安市民,也基本上都可以画出城墙内的主要街道和路口,并且能够标出一些重要建筑或街区,例如钟鼓楼、碑林、老市政府、重要商业综合体(世纪金花、万达广场、骡马市等)、特色街道(粉巷、书院门)的具体位置。这些重要建筑或街区大多数为建筑遗产,其次为商业街和政府。这说明城墙以内的城市空间已经长期处于一种相对稳定的状态,并为人们所熟知。

从西安城墙外扩至二环,人们对地图的绘制则侧重于生活、工作的区域,但是基本可以画出所在区域相当大的范围,比如二环以内整个城南、城东区域的主要街道。

从二环向外扩张至三环,地图的绘制就有了明显的倾向性。除了自己生活、工作过的几个街区之外,大面积出现空白。而且值得一提的是,城墙以南的范围是人们最熟悉的,许多人都可以从城墙以南将主要道路一直画到南三环(除曲江新区外)。人们对城墙以东的区域和城墙以西的区域的认知较为相似,越接近三环,人们的记忆越模糊,地图只能画到二环附近。而城市北部则最不被人们熟悉,许多人只能画到龙首路附近,连北二环的周边道路都不甚清楚,街道与街道之间的跨度也很大。可见这些区域的发展尚不够成熟,人们不常在这些区域内活动,或者这些区域的空间格局不易被人们记忆。

基于市民对城市边界的理解和案例的选取标准,参考西安市城市发展的过程和趋势,以及建筑遗产的分布情况,本书将案例选取范围确定在西安市东、西、南三环至东、西、南二环之间以及西安市北城墙至北二环之间,如图4-4所示。

这一区域目前正是西安市大力建设的地段,既不像二环以内的城市空间基本已开发完毕,也不像三环以外的城市空间尚存有大面积空白区域未经建设,城市空间正处于持续变化的过程中。此外,随着这一区域的建设,大量人口迁入此区域,社会活动与城市空间还处于适应期,各类城市问题在此地理范围内均有体现。

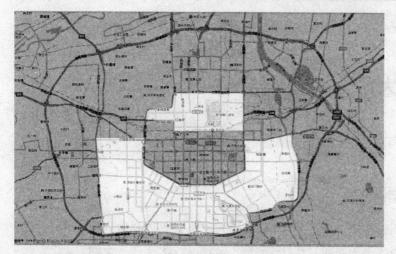

图 4-4 本书确定的研究范围为图中白色区域
图片来源：作者自绘

在西安市二环与三环之间建筑遗产数量和分布情况与其他区域没有太大差别，其中部分地段还出现几处建筑遗产连续在一起的情况，而且包含了西安市的两处大遗址区，建筑遗产空间对城市空间的影响非常显著。因此本书选取案例的范围就划定在这一区域内。

4.2 大明宫片区研究

4.2.1 案例概况

唐大明宫始建于唐贞观八年(公元 634 年)，唐长安城外龙首原上。唐高宗于龙朔二年(公元 662 年)扩建，次年迁入大明宫执政，大明宫从此成为大唐帝国的政治中心。在经历了 200多年的漫长岁月后，于乾宁三年(公元 896 年)毁于兵乱。对大明宫的研究工作在北宋时期便开始了。吕大防的长安石刻图，最早考察了大明宫遗址及隋唐长安城的布局。之后历朝历代都对大明宫的大小、布局、形态等方面通过文献、图画等方式做了不同的考察和记录。

自近代以来，大明宫片区经历了无数的历史变化。大明宫建筑遗产空间与其周边地区的发展从民国之后大约可分为三个阶段：第一阶段从民国初年到改革开放前。这一阶段的重要影响因素是陇海铁路和大华纺织厂的建设；第二阶段为改革开放以后至 2005 年。在此阶段西安经济迅速发展，大明宫片区形成了西北最大的建材市场，而建筑遗产空间却由于受到种种限制而未能与城市化同步。第三阶段是 2006 年迄今，西安城市的扩张已经无法对大遗址区绕道而行，遗址保护与新城区的建设终于直面相对，其间所产生的互利和矛盾关系一一显现。在规划之先自然发展而形成的格局，成为了今天规划的基础，它一方面是需要尊重的历史，另一方面也是城市未来的希望。而最新的规划方案是否适应城市空间的发展规律，对建筑遗产空间的再利用是否有助于城市空间的整合，还有待进一步考察。

民国初年，大明宫遗址区为六个自然村，村民主要以种菜为生，被称为"东菜园"。1935 年陇海铁路线建成开通后，大明宫遗址迎来了第一批移民——逃荒者、战争难民和铁路工人，这里逐渐形成棚户区,并被西安内城居民称为"道北"。新中国成立以后,随着大华纺织厂的兴盛,这里为纺织工人修建了居住新村,但情况并未好转,大明宫遗产空间在该时期反而进一步沦为被城市摒弃的区域。这一方面由于当时所编制的《1953—1972年西安市城市总体规划》(西安市第一轮总体规划)的局限性所导致。另一方面是由于历史原因所导致。西安市第一轮城市总体规划并未将建筑遗产空间视同城市空间发展的有机组成部分,而是采取了相对封闭和割裂的方式对汉长安城遗址和大明宫遗址进行保护,将城北作为地方工业、仓库及其职工的居住区。虽然规划者希望能够通过对遗址周边产业发展所占用面积的控制,达到对遗产尽可能小的干扰。但实际上,由于文化上缺乏宣传和引导,在道北居住的工人们并未意识到建筑遗产的价值和重要性,因此自然扩张形成的村落、棚户和厂房逐渐侵蚀了遗址保护区。而同时,由于对该地区功能规划上的单一性,导致该区域始终远离内城居民的视线之外,也未能及时引起决策者的注意,这种自然侵蚀在相当长的一段时间内,都未能加以有效的抑制和合理的疏导。在生态方面,工厂的污染和生活垃圾的倾倒,加剧了建筑遗产空间的萧条和环境的恶劣,也影响了周边城市空间的品质。另一方面的历史原因,主要是指棚户区和逃荒者的长期存在。对于那些世代居住于西安老城区的城市居民来说,"道北"始终代表着贫穷、治安混乱和外来难民。由于城市空间之间缺乏沟通和相对孤立,建筑遗产和工厂的存在并未能真正改变该片区在城市中所处的文化地位和经济地位。可以说,尽管第一批规划者的出发点是保护遗址,发展工业,但由于未能认识城市空间发展的规律,使得建筑遗产空间以及各城市空间组团之间相互孤立,反而导致遗产和城市片区二者均未能得到良好的生存环境。

自上世纪九十年代以来,随着改革开放的深入,西安主城区打破城墙的限制开始向北扩张,沿太华路区域逐渐形成了西北地区最大的建材市场,大明宫遗址区的占压情况进一步恶化,然而"道北"落后混乱的观念,却开始在新一辈西安人的心中逐渐被淡忘。在这一阶段,城市发展的进程大大加快了,经济开发以不可遏制的趋势瓦解着遗址封闭性保护的最后屏障。居民有着提高收入、改善生活的迫切需求,由此引发的城市扩张使得大明宫遗址区必须面对从郊区回归城市的处境。

1992 年,陕西省政府重新审核并公布了大明宫遗址的保护范围,1995 年颁布了《西安市周丰镐、秦阿房宫、汉长安城和唐大明宫遗址保护管理条例》,自此大明宫遗址保护总体规划工作正式启动,最后确定的保护规划面积约 3.5 km²。建设控制地带北至玄武路,东至太华路,南至自强东路,西至未央路,总面积 6.5 km²。大明宫遗址片区横跨新城、未央两区,其中新城区内约 2.12 km²,未央区内约 1.38 km²。在第三次西安市整体规划中,对大明宫提出了保护与利用相结合的观点,使其成为一个旅游景点,发挥社会效益、生态效益和经济效益。此次规划的遗址区范围约 2.52 km²。

但耐人寻味的是,尽管在第三次规划中提出了利用和保护遗址的观念,并进行了相应的措施,但建材市场熙熙攘攘的人群和近旁遗址保护区衰草连天的景象形成鲜明的对比。遗址保护区从 1987 年到 2004 年,年平均游客量始终只有三万人左右,经济的发展丝毫没有带动遗址公园的客流量。而与之相对应的,建材市场的面积则由最初的 21 亩扩张到 170 亩,由此而产生的人流和物流使得周边村民纷纷加入土地开发和房屋租赁的队伍,兴办市场和违章建房如火如荼,一个个典型的西安城中村在这里出现了。尽管人口日益增加,但是城市空间的质量却并未提高。建筑遗产空间的存在,丝毫没能减少该片区飙升的犯罪率,或者改善肮脏残损的街道景观。

飞速的经济开发使得遗址区的保护状况进一步恶化,且没能缓解城市空间的破败,但另一方面经济的好转却为文化的复苏埋下了伏笔。随着居民收入的提高,原本处于城市底层的村民开始成为这一地区的主人。他们通过开办市场和租赁房屋(尽管有些是违章的)获得了较为稳定的收入,为市场流通所引入的外来人口(第二批移民)提供生存空间。这一微妙的转变,缓慢但持续地改变了"道北"地区在西安人心目中固有的形象,老一辈逃荒者和铁路工人及其后辈们终于获得了文化认同,成为了"西安人",从移民渐渐转变为城市的主人。尽管这一转变在一开始是缓慢甚至微弱的,但却为日后西安市主城区向北扩张,甚至西安市政府的北迁提供了文化背景和心理前提。

2004 年,国家批复了《大明宫遗址保护规划》,第二年陕西省政府公布了《唐大明宫遗址保护总体规划》,象征着新一轮也是到目前为止最后一轮针对大明宫建筑遗产的保护利用工作正式启动。此次保护规划的总面积约 3.5 km²，横跨未央、新城两区。

在规划实施前至 2007 年底，规划区内常住人口约 298 900 人，控制区内常住人口约 366 400 人，保护区内涉及拆迁人口 10 万余人。此外，在规划区内的国有企事业单位 6 400 家，集体企业过万，棚户居住 4 000 多户，市场近 300 万 m²，中小学 7 所，城中村 7 个。此次规划的目标是建设"一心、四轴、六功能区"的空间形态，即依托遗址保护区——一心，建设未央路城市中轴、自强路城市文化轴、太华路城市商业轴和北二环城市交通轴，以及核心商务区、综合居住区、集中安置区、改造示范区、盛唐文化区和皇城广场。在遗址控制性地区内，统一规划建设新兴居住区，建立社区服务系统，合理利用土地。对建筑遗产本体实施遗址公园建设，划分为殿前区、宫殿区和宫苑区，其中殿前区和宫苑区为城市开放空间——城市公园，宫殿区为封闭管理型遗址公园，希望再次借助建筑遗产来带动城市发展。

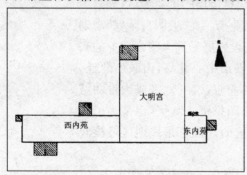

图 4-5　大明宫遗址 1957 年保护范围示意图
图片来源：《唐大明宫遗址保护总体规划》

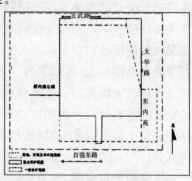

图 4-6　大明宫遗址 1992 年保护范围示意图
图片来源：《唐大明宫遗址保护总体规划》

图 4-7　大明宫遗址 2005 年保护范围示意图
图片来源：《唐大明宫遗址保护总体规划》

2007 年 10 月 28 日大明宫遗址保护展示示范园区暨大明宫国家遗址公园概念设计国际竞赛开启；2008 年 1 月国际竞赛方案评审揭晓；2010 年 12 月到 2012 年 3 月开始招标；2010 年 5 月正式开始建设；2010 年 10 月 1 日大明宫遗址公园正式开园。

4.2.2　城市空间组群的演变

1）案例的地理边界与时间节点

未央路、太华路、北二环、环城北路是本案的地理边界。环城北路与未央路，分别是"大明宫区域"的南界与西界。北二环和环城北路（紧邻北城墙）是西安市城市重要的区域分界线，不同于西安市东、南、西部，由于北部发展相对滞后，北城墙以北地区（及前文所述"道北"地区）的发展较晚，这一片区和其他三个方位从二环至三环片区的发展时间与速度较接近。太华路是大明宫遗址公园的西界，原是太华路建材市场的重要干道，规划中准备依托建筑遗产将其建设成为商业街。在"大明宫区域"规划范围内的街区从历史上到今天的建设发展受到大明宫遗址的兴衰演变影响都很大，再加上现在西安市中心北移，市政府北迁，政府有意识地提高西安北部地区的面貌，这一地区成为带动城市发展的重要片区。大明宫遗址公园投资 120 亿，也是为了能够带动整个地区的发展，而案例所选的片区正是该地区最核心的部分。

从时间节点来说，大明宫尽管一直存在于西安市版图中，但其保护区的变化却很大。在某些时期，这一历史遗迹几乎被完全隐藏在密布的民房、厂房等建筑中，某些时期（如现在）却占用了大面积的土地，可以说其空间形态始终处于变化之中。本研究是要重点考察大明宫遗址公园建成前后，对周边城市空间的影响作用，考察规划设计是否能够与空间自组织规律相契合，空间整合的目标是否能实现。因此，将时间节点选取在大明宫遗址公园建设前后，来进行考察。大明宫遗址公园正式建设于 2010 年，但是早在此之前，大明宫遗址的几轮前期规划已经开始实施，搬迁工作也早已开始进行。到 2010 年，大明宫遗址公园的空间占用状态已近形成，因此，不能将 2010 年视为历史节点。再往前推，可以发现该地区在 2002 年的空间关系与现在差异较大,且从那以后,逐渐发展到目前的状态,中间没有反复。
而 2002 年以前,大明宫遗址几乎完全消失在建筑中无法识别。
可见 2002 年是大明宫遗址实际上开始被保护、开发,其遗产空
间组群出现在城市空间组群中的起始点。因此,2002 年是该案
例的历史时间节点。大明宫遗址在 2010 年开园,其后陆续进行
细化建设,到今日其空间形态变化不大,不过周边城市的建设则
一直在进行,城市空间有一定的改变。因此,以现在 2012 年为
现状时间节点进行考察,能更好地分析出大明宫建筑遗产空间
组群对城市空间组群的影响。图 4-8 与 4-9 分别显示了 2002
年与 2012 年大明宫片区的空间分布。

图 4-8　2002 年大明宫片区
图片来源:google earth

图 4-9　2012 年大明宫片区
图片来源:google earth

　　2) 历史状态分析

　　第一步,将拼合后的卫星地图进行矢量化,生成可供下一步
分析的可达空间平面图,如图 4-10,其中白色为可达空间、灰色
为大明宫建筑遗产覆盖区,1 为含元殿遗址区;2 为麟德殿遗址
区;3 为太液池遗址区。在遗址区周边的白色区域是保护绿化
及农田。

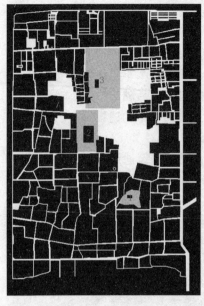

图 4-10 2002 年大明宫片区可达空间平面图
图片来源:作者自绘

第二步,将该矢量图导入 Depthmap,生成轴线图,如图 4-11 所示,并通过该软件计算每条轴线的全局选择度 C_n、局部选择度 C_3、连接度 C_O、全局集成度 R_n、局部集成度 R_3。保持其他量不变,将 C_O 除以空间总数 K 后,得出相应的三级因子:C_n、C_3、C_k(连接度比值)、R_n、R_3,在此空间系统中 $K = 527$。(由 Depthmap 运算生成的空间属性值详表见附录 5)

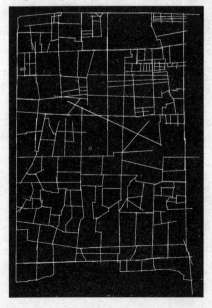

图 4-11 2002 年大明宫片区轴线示意图
图片来源:作者运用 Depthmap 自绘

　　第三步：为了研究空间组群的属性，先对三级因子求和，然后排除空间组群中数量对空间群属性的干扰，得出可以描述空间群属性的标准值。按照公式 $M = \sum X/K$ 进一步计算出二级因子——空间群属性标准值：全局选择度标准值 MC_n、局部选择度标准值 MC_3、连接度标准值 MC_k、全局集成度标准值 MR_n、局部集成度标准值 MR_3 如下表：

表 4-3　2002 年大明宫片区空间组群二级因子列表

	MC_n	MC_3	MC_k	MR_n	MR_3
M_1	0. 013 883 8	0. 028 033 188	0. 029 619	1. 907 696 76	2. 787 819 086

　　第四步，根据一级因子的公式，进一步计算出一级因子：便捷性 A、特色度 U、安全性 S。

$A = 0.2MC_n + 0.3MC_k + 0.5MR_n$

$U = MR_3 / MR_n$（R^2 小于 0.5 时，则将 U 值定义为 0。）

$S = 0.3MC_n + 0.3MC_3 + 0.2MC_k - 0.2MR_n$

　　计算后得出，A、S 分别约为 0.965 5、-0.363 0。再通过 Depthmap 计算特色度 U 与理解度 I。因为 R_3 与 R_n 的决定系数（拟合度）R^2 为 0.659 1，因此 U 值有效，$U = 1.814 74$。在该空间组团中 I 为 0.567 7（如图 4-13 所示，决定系数 $R^2 = 0.567 7$）。

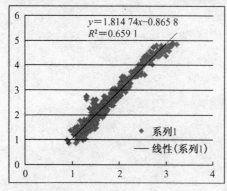

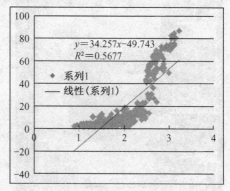

图 4-12　空间特色度散点图，$R^2 = 0.659 1$
图片来源：作者运用 Excel 自绘

图 4-13　空间理解度散点图，$R^2 = 0.567 7$
图片来源：作者运用 Excel 自绘

　　将一级因子代入公式 $N = 0.4A + 0.2I + 0.1U + 0.3S$，可以得出大明宫片区 2002 年的历史空间整合度 N 约为 0.572 8。

表 4-4　2002 年大明宫片区空间组群一级因子与整合度列表

	A	S	U	I	N
F_1	0. 965 511	-0. 363 04	1. 814 74	0. 567 7	0. 572 766

3）现状分析

从 2002 年至 2012 年十年间,该片区的建设对城市空间的形态和关系造成了很大的影响,大明宫遗址保护区的范围被大大增加了,周围土地性质也有了很大的改变,建设内容与原貌迥然不同。对于该片区现状的分析如下。

第一步,将拼合后的卫星地图进行矢量化,生成可供下一步分析的可达空间平面图,如图 4-14 所示。图中可见,原来分成三块的建筑遗产空间已经连接成了一片,灰色所表示的遗址公园范围(建筑遗产空间组群)内,也并不是所有的空间都是可达空间。遗址公园分为免费开放和收费参观两部分,将免费开放的区域视为可达空间,而收费区域划定为不可达空间。此外,建筑遗产周边的街道、建筑空间也有了很大的变化,农田彻底消失了,原先密布的小街被相对笔直的街道取代,单个街块的面积也大大增加了。

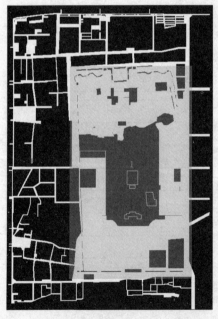

图 4-14　2012 年大明宫片区可达空间平面图
图片来源:作者自绘

第二步,将该矢量图导入 Depthmap,生成轴线图,如图 4-15 所示,并通过该软件计算每条轴线的 C_n、C_3、C_O、R_n、R_3,其中将 C_O 除以空间总数 K 后,得出相应的三级因子:C_n、C_3、C_k、R_n、R_3,在此空间系统中 $K = 607$。(由 Depthmap 运算生成的空间属性值详表见附录 6)

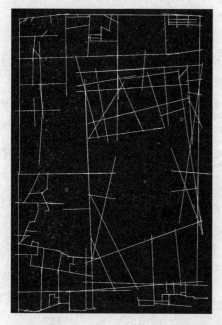

图 4-15 2012 年大明宫片区轴线示意图
图片来源：作者运用 Depthmap 生成

第三步：按照公式 $M = \sum X/K$ 进一步计算出二级因子空间属性标准值 MC_n、MC_3、MC_k、MR_n、MR_3 如下表：

表 4-5 2012 年大明宫片区空间组群二级因子列表

	MC_n	MC_3	MC_k	MR_n	MR_3
M_2	0.007 257 219	0.007 226 833	0.112 946 751	3.431 914 183	4.711 640 987

第四步，通过 Depthmap 计算一级因子空间理解度 I 和特色度 U，在该空间组团中 I 为 0.685 6（如图 4-17 中所示，$R^2 =$ 0.685 6），U 约为 1.665 45，图 4-16 中全局集成度与局部集成度的决定系数 $R^2 = 0.642 6$，故 U 值有效。

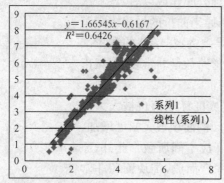

图 4-16 空间特色度散点图，$R^2 = 0.642 6$
图片来源：作者运用 Excel 自绘

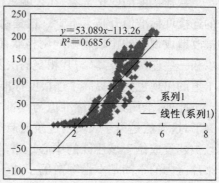

图 4-17 空间理解度散点图，$R^2 = 0.685 6$
图片来源：作者运用 Excel 自绘

再根据二级因子和相关公式,进一步计算出一级因子:A、S 分别约为 1.751 3、−0.659 5。

将一级因子代入公式 $N = 0.4A + 0.2I + 0.1U + 0.3S$,可以得出大明宫片区 2012 年的现状空间整合度 N 约为 0.807 2。

表 4-6　一级因子与整合度列表

	A	S	U	I	N
F_2	1.751 292 56	−0.659 45	1.665 45	0.685 6	0.807 228

4）纵向比较分析

从密集型小空间转化为较疏离的大街块是目前城市建设从旧到新的一个普遍趋势,对于大明宫片区来说,这一趋势也十分明显。通过对二级因子的纵向比较,可以反映出这一趋势给空间关系带来的变化。

表 4-7　大明宫片区空间组群二级因子历史、现状对照表

	MC_n	MC_3	MC_k	MR_n	MR_3
M_1	0.013 883 8	0.028 033 188	0.029 619	1.907 696 76	2.787 819 086
M_2	0.007 257 219	0.007 226 833	0.112 946 751	3.431 914 183	4.711 640 987
a_m	−0.006 626 581	−0.020 806 355	0.083 327 751	1.524 217 423	1.923 821 901

通过对大明宫片区二级因子的历史数据与现状数据的对照可以发现,首先全局选择度与局部选择度都有所下降。这意味着在片区内的街道上形成密集人流的可能性有所降低。无论是在全局范围内还是在局部的地段上,人们经过街道的次数和数量都有所降低。

从连接度的变化来看,在大明宫遗址公园建成以后,该片区的连接度标准值升高了不少。这是由于原来曲折的村落式街道被改造成现在的比较规则的网格状而导致的,尽端路的数量减少和一些连接度极高(与其相交的次要道路数量非常多)的城市干道的出现也同样提高了连接度标准值。

此外,全局集成度标准值与局部集成度标准值也被大大提高了,这显然是由于大明宫建筑遗产空间的面积被大幅度增加,且被建设成位于该片区的中心地带的开放空间所致。此外,原来片区内的空间基本由零散的小建筑围合而成,街块面积非常小,边界也比较曲折,不利于视线的通达。而现在的街道数量相

对减少了,街道的宽度和界面的平整度有所增加,故而空间单元的深度普遍降低,从而提高了空间单元的全局与局部集成度。这意味着人们专程到此的可能性被提升了。

选择度标准值的降低和连接度标准值的增高,意味着在片区内依靠空间自组织的力量形成自发的商业街或者商业集市的可能性被削弱了。因为形成自发集市的前提是人流在街道上的汇聚,而交通流的汇聚有赖于选择度的提高。连接度说明了人们无意中相遇的可能性,虽然街道生活有可能出现在连接度高的街道上,但更需要单位时间内人流的数量,因此只有当某些街道的连接度与选择度都比较高时,才会出现真正的街道生活场所。对于大明宫片区来说,连接度的升高在一定程度上增加了街道生活出现的潜在可能性,但是选择度的降低却不利于人流、车流的汇聚和商业街区的形成。

就目前的现状来看,该片区的街道总体来说比较冷清,尤其是大明宫遗址公园周边,宽阔的道路上并没有多少行人或者其他社会活动,尽管片区内的交通与 2002 年相比较已经相当便利,但是对活力的提升并没有起到太大的作用。

图 4-18 冷清的含元殿广场西侧
图片来源:作者自摄

表 4-8　大明宫片区空间组群一级因子与整合度历史、现状对照表

	A	S	U	I	N
F_1	0.965 511	−0.363 040 5	1.814 74	0.567 7	0.572 766 16
F_2	1.751 292 56	−0.659 448 3	1.665 45	0.685 6	0.807 227 54
a_f	0.785 781 56	−0.296 41	−0.149 29	0.117 9	0.234 461

这些二级因子的变化,也进一步导致了一级因子在不同幅度和趋向上的变化。经计算,大明宫片区的便捷性 A 和理解度 I 有所提高,而安全性 S 和特色度 U 却下降了。

由于路网的疏通和街道的连接,便捷性的提高是可以预见的。此外,理解度的提高则有赖于连接度和全局集成度的拟合关系有所改善,这一变化也是旧城棚户区的无规律路网改造为新城空间的规则路网之后必然出现的结果。

安全性的降低和所有二级因子的变化都有关系,不过总体说来是由于集成度标准值的升高和选择度标准值降低,且连接度标准值的增高幅度不够大而导致的。集成度标准值的升高和选择度标准值降低,意味着在空间组群内,从某空间单元快速转移到其他单元或者离开该片区的路径很多而且便捷,但是人们在这些空间单元上形成密集人流的可能性却不大。交通便利而行人稀少的空间正好符合反社会行为的需要。

特色度 U 值的降低是由于空间单元的局部集成度增幅不如其全局集成度增幅大所导致的。特色度的下降不利于该地区形成有特色的场所,这与建设遗址公园的初衷显然是相互违背的。

此外,理解度的升高在一定程度上缓解了该地区道路令人迷惑的问题,各空间单元的连接度与集成度的拟合度增强了,这应该归功于道路的整改使得局部区域的路网关系与整体路网关系的相似度有所提高。

不过总体而言,在理解度和便捷性的有利带动下,整合度还是比历史上的数值有所提升。

4.2.3 建筑遗产空间组群的演变

大明宫遗址虽然已基本没有地面遗存,但却因其巨大的占地面积而影响着周边城市的空间发展。为了更好地分析该建筑遗产空间具体对周边城市空间产生了怎样的影响,我们还需对建筑遗产空间组群自身的演变进行调查。

采用与前面相同的计算方法,计算出建筑遗产空间组群在历史上和现状的属性标准值,然后进行纵向比较,比较数据如下:

表 4-9 建筑遗产空间组群二级因子历史、现状对照表

	MC_n	MC_3	MC_k	MR_n	MR_3
M_{y1}	0.016 805 748	0.014 016 493	0.094 595 544	2.532 011 949	4.094 906 228
M_{y2}	0.007 473 046	0.005 378 94	0.170 903 414	4.050 889 394	5.755 901 333
a_{my}	−0.009 332 702	−0.008 637 553	0.076 307 87	1.518 877 445	1.660 995 105

从表中数据的变化来看,与片区空间组群的二级因子变化

相类似,同样是选择度标准值有所下降,连接度与集成度标准值都有所上升,尤其是局部集成度标准值上升的幅度最明显。

进一步分析一级因子的变化。数据如下表所示:

表 4-10　建筑遗产空间组群一级因子与整合度历史、现状对照表

	A	S	U	I	N
F_{y1}	1. 297 745 788	−0. 478 24	1. 385 1	0. 818 8	0. 677 897
F_{y2}	2. 078 210 331	−0. 772 14	1. 363 2	0. 735 8	0. 883 122
a_{fy}	0. 780 464 543	−0. 293 905	−0. 021 9	−0. 083	0. 205 224 32

从一级因子的纵向比较来看,大部分一级因子:安全度、特色度和理解度都不同程度地降低了,仅有便捷性大幅度提高。虽然,借助便捷性的大幅度升高,建筑遗产空间组群的整合度也有所上升,但是毕竟这种上升方式只能说明该地段的交通便利程度有所提高,人们到达或者离开组群内各个空间单元的难度降低了。但是,其他三个一级因子不同程度的降低,却预示着该空间组群形成有特色的文化或者生活场所;形成热闹的商业或者生活街区的潜在可能性是被削弱了的。

（该部分计算数据详见附录 7、附录 8）

4.2.4　建筑遗产空间组群对城市空间组群的静态影响

1）遗产空间群的历史影响

为了更直观地体现建筑遗产空间组群,在各空间属性上对片区空间组群的作用,我们可以通过散点图来进行分析。

在下列散点图中每一个点代表一条空间轴线,X 轴为空间轴线的编号,Y 轴为某项空间属性值,通过点位置的高低可以看出该轴线的属性值的大小。大“×”为建筑遗产空间组群中的轴线,小“×”为片区中其他空间轴线。因为片区空间属性标准值的计算,是包含了建筑遗产空间中各轴线属性数值的,因此建筑遗产空间中轴线属性值出现明显的偏高或者偏低,会对片区空间属性标准值有着增大或减小的影响。

第一组图为大明宫片区空间组群的各项属性在 2002 年的散点图:

图 4-19a　全局选择度散点图
图片来源:作者运用 Depthmap 生成

图 4-19b　局部选择度散点图
图片来源:作者运用 Depthmap 生成

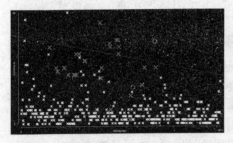

图 4-19c　连接度散点图
图片来源:作者运用 Depthamp 生成

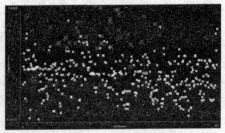

图 4-19d　全局集成度散点图
图片来源:作者运用 Depthmap 生成

图 4-19e　局部集成度散点图
图片来源:作者运转用 Depthmap 生成

从上述散点图中可以看出,大标记点位置较高的有连接度、全局集成度和局部集成度散点图;大标记点位置偏低的是局部选择度散点图。这说明建筑遗产空间组群对片区空间组群的连接度、全局集成度和局部集成度标准值有提升作用,而对局部选择度标准值有降低的作用。此外,在全局选择度散点图中大标记点均匀散落在小标记点的中间区域,因此遗产空间对片区的全局选择度标准值可能没有太大影响。

2）遗产空间群目前的影响

第二组图为大明宫片区空间组群在 2012 年的散点图:

图 4-20a　全局选择度散点图
图片来源：作者运用 Depthmap 生成

图 4-20b　局部选择度散点图
图片来源：作者运用 Depthmap 生成

图 4-20c　连接度散点图
图片来源：作者运用 Depthmap 生成

图 4-20d　全局集成度散点图
图片来源：作者运用 Depthmap 生成

图 4-20e　局部集成度散点图
图片来源：作者运用 Depthmap 生成

　　从上述散点图中可以看出，与历史状态相类似，建筑遗产空间组群对片区空间组群的连接度、全局集成度和局部集成度标准值有提升作用，而对局部选择度有降低的作用，对片区的全局选择度标准值则可能没有太大影响。

　　3）静态影响度的量化分析

　　为了进一步准确地评估建筑遗产空间组群对其所处城市片区空间组群的影响，需要将这些影响量化。通过二者的空间属性标准值的差 d，可以判断建筑遗产空间的影响作用趋势，用标准值差的绝对值除以城市片区空间属性标准值再乘以 100%，可以计算出其影响度 i，以判断其影响的大小。具体数值见下表：

表 4-11　片区空间组群与遗产空间组群二级因子影响对照表

	MC_n	MC_3	MC_k	MR_n	MR_3
M_1	0. 013 883 8	0. 028 033 188	0. 029 619	1. 907 696 76	2. 787 819 086
M_{y1}	0. 016 805 748	0. 014 016 493	0. 094 595 544	2. 532 011 949	4. 094 906 228
d_{m1}	0. 002 921 948	−0. 014 016 695	0. 064 976 544	0. 624 315 189	1. 307 087 142
i_{m1}	21. 045 736 8%	50. 000 360 3%	219. 374 536 6%	32. 726 123%	46. 885 651 5%
M_2	0. 007 257 219	0. 007 226 833	0. 112 946 751	3. 431 914 183	4. 711 640 987
M_{y2}	0. 007 473 046	0. 005 378 94	0. 170 903 414	4. 050 889 394	5. 755 901 333
d_{m2}	0. 000 215 827	−0. 001 847 893	0. 057 956 663	0. 618 975 211	1. 044 260 346
i_{m2}	2. 973 962 9%	25. 569 886 6%	51. 313 262 7%	18. 035 859 2%	22. 163 410 8%

　　表中 M_{y1}、M_1 分别表示历史上建筑遗产空间组群属性标准值和片区空间组群属性标准值，d_{m1}、i_{m1} 分别表示建筑遗产对片区空间组群的历史属性标准值差和历史影响度。M_{y2}、M_2 分别表示现在建筑遗产空间组群属性标准值和片区空间组群属性标准值，d_{m2}、i_{m2} 分别表示建筑遗产对片区空间组群的现状属性标准值差和现状影响度。

　　从上表可以看出，在 2002 年建筑遗产空间组群对片区空间组群的 MC_n 有影响度约为 20% 的增大影响；对 MC_3 有约 50% 的减小，建筑遗产空间组群的 MC_k 值比片区高出了两倍多，对 MR_n 和 MR_3 也都产生了增大的影响，影响度分别约为 33% 与 47%。

　　在 2012 年，建筑遗产空间组群对片区空间组群的 MC_n 几乎没有影响，影响度仅约为 3%；对 MC_3 有约 26% 的减小，建筑遗产空间组群的 MC_k 值依然比片区高出很多，但高出的程度缩小为 51%，对 MR_n 和 MR_3 都依然有加大的影响，影响度分别约为 18% 与 22%，与 2002 年相比影响度也有所减弱。

　　接下来分析对于一级因子和整合度的影响趋向和影响度。用建筑遗产空间组群的一级因子数值减去片区空间组群的一级因子数值，得到因子值差 d。取因子值差的绝对值后除以片区因子数值的绝对值，得到影响度 i。具体数值见下表：

表 4-12　片区空间组群与遗产空间组群一级因子与整合度影响对照表

	A	S	U	I	N
F_1	0. 965 511	−0. 363 040 5	1. 814 74	0. 567 7	0. 572 766 16
F_{y1}	1. 297 745 788	−0. 478 236 6	1. 385 1	0. 818 8	0. 677 897 33
d_{f1}	0. 332 234 788	−0. 115 196	−0. 429 64	0. 251 1	0. 105 131 17
i_{f1}	34. 410 254 1%	31. 730 93%	23. 675 02%	44. 231 11%	18. 354 989%
F_2	1. 751 292 56	−0. 659 448 3	1. 665 45	0. 685 6	0. 807 227 54
F_{y2}	2. 078 210 331	−0. 772 141 6	1. 363 2	0. 735 8	0. 883 121 65
d_{f2}	0. 326 917 771	−0. 112 693	−0. 302 25	0. 050 2	0. 075 894 11
i_{f2}	18. 667 227 8%	17. 089 03%	18. 148 25%	7. 322 05%	9. 401 824%

表中 F_{y1}、F_1 分别表示历史上建筑遗产空间组群一级因子和片区空间组群一级因子，d_{f1}、i_{f1} 分别表示建筑遗产对片区空间组群的历史因子值差和历史影响度。F_{y2}、F_2 分别表示现在建筑遗产空间组群一级因子和片区空间组群一级因子，d_{f2}、i_{f2} 分别表示建筑遗产对片区空间组群的现状因子值差和现状影响度。

从上表可以看出，在 2002 年建筑遗产空间组群对整个片区的整合度拉动作用总体上呈良性状态。二者的因子值差中特色度与安全性为负值（说明建筑遗产空间组群的特色度与安全性水平低于所处城市片区的总体水平），其余两项为正，也就是说在其他两个方面和总体的整合度上，建筑遗产空间对片区都起到了提升的作用。其中，以理解度的带动作用最为明显，影响度值约为 44%；其次为便捷性，其影响度值 34%；对安全度和特色度的恶性影响则分别为 32% 和 24%。在对各项因子的影响基础上，建筑遗产对于片区空间组群整合度的影响为良性，影响度约为 18%。

到了 2012 年，无论是建筑遗产空间组群对整个片区的良性影响还是恶性影响的影响度都无一例外地下降了。目前，建筑遗产对于片区空间组群的便捷性依然有一定的提升作用，但影响度下滑至 19%；对于理解度的提升作用下滑至 7%；对于安全性和特色度的恶性影响程度分别下降至 17% 和 18%，这一点倒是一个好的现象。综合上述影响，目前建筑遗产空间组群对片区空间组群的整合度影响依然为良性影响，在一定程度上提高了片区空间的整合度水平,其影响度约为 9%,与历史影响度相比下降了一半。总体来说,2012 年建筑遗产空间组群在各项因子上的影响度都比较微弱。

4.2.5 建筑遗产空间组群对城市空间组群的动态影响与量化分析

除了分析建筑遗产空间组群与片区空间组群在两个时间节点上的静态影响关系以外,为了进一步弄清楚二者的动态发展趋势,还需进行两者在各方面的动态影响比较。

首先比较二者的二级因子动态演化趋势,下表列出了大明宫片区空间组群和建筑遗产空间组群的二级因子与一级因子在 2002 年到 2012 年的增幅,增幅的绝对值大小说明了空间组群的变化幅度,正负说明了变化取向。用遗产空间属性增幅的绝对值减去片区空间属性增幅的绝对值,则可以体现二者的幅度差,如果为正则说明遗产空间组群属性的变化幅度大于片区空间组群的属性变化幅度,若为负,则相反。表中 a_m、a_{my} 分别表示片区空间组群在各项二级因子上的增幅,以及建筑遗产空间组群在各项二级因子上的增幅;d_m、i_m 分别表示建筑遗产空间组群的因子增幅与片区增幅之间的绝对值差,以及建筑遗产对片区的动态影响度。

表 4-13　二级因子增幅比较

	MC_n	MC_3	MC_k	MR_n	MR_3
a_m	−0.006 626 581	−0.020 806 355	0.083 327 751	1.524 217 423	1.923 821 901
a_{my}	−0.009 332 702	−0.008 637 553	0.076 307 87	1.518 877 445	1.660 995 105
d_m	0.002 706 121	−0.012 168 802	−0.007 019 881	−0.005 339 978	−0.262 826 796
i_m	40.837 363 9%	58.485 986 6%	8.424 421 5%	0.350 342 3%	13.661 701%

从上表可见,除了全局选择度标准值 MC_n 之外,其他所有二级因子的增幅绝对值差均为负,这说明除了 MC_n 之外,建筑遗产空间组群在其他所有因子上的变化幅度都小于片区空间组群的变化。

具体来说,在 MC_n 上的演变,建筑遗产快于片区空间组群,但是二者的演变趋势都是下降的,因此建筑遗产空间组群的全局选择度标准值下滑的速度比片区还要快。在这个因子上的动态影响度约为 40%，说明遗产的下降趋势对片区的下降趋势的加速作用适中。

对局部选择度标准值 MC_3 来说，建筑遗产与片区空间组群也都有不同程度的下降，不过遗产空间组群的速度迟缓于片区，因此对片区空间组群在该项上的下降速度有减缓的作用，而且动态影响度为 58%，说明其减速作用也适中。

对 MC_k、MR_n 和 MR_3 来说，建筑遗产与片区空间组群在这三个因子上都有不同程度的提高。由于增幅绝对值差都为负数，可见建筑遗产空间组群的演变速度都滞后于片区的提高速度。不过，这三项的动态影响度值都不高，MC_k、MR_3 的对应 i 值分别为 8% 和 14%，而 MR_n 对应的 i 值还不足 1%，考虑数据与计算的误差，可以忽略不计。总体来说，建筑遗产空间组群对片区的局部选择度标准值 MC_3 下降速度的减缓作用适中，对 MC_n 的下降加速作用也适中，对其他属性标准值的作用则十分有限。

用同样的方法比较一级因子的动态变化，如下表。

表中 a_f、a_{fy} 分别表示片区空间组群在各项一级因子上的增幅，以及建筑遗产空间组群在各项一级因子上的增幅；d_f、i_f 分别表示建筑遗产空间组群的因子增幅与片区增幅之间的绝对值差，以及建筑遗产对片区的动态影响度。

表 4-14　一级因子增幅比较

	A	S	U	I	N
a_f	0.785 781 56	−0.296 407 8	−0.149 29	0.117 9	0.234 461 38
a_{fy}	0.780 464 543	−0.293 905	−0.021 9	−0.083	0.205 224 32
d_f	−0.005 317 017	−0.002 503	−0.127 39	−0.034 9	−0.029 237 1
i_f	0.676 653 3%	0.844 37%	85.330 56%	29.601 36%	12.469 883%

从上表可见，所有的增幅绝对值差均为负值，这意味着，建筑遗产在所有项上的演变速度都迟缓于片区空间组群。

建筑遗产和片区空间组群从 2002 年至 2012 年，二者的便捷性都有所提高，但是建筑遗产空间组群的提升速度慢于片区空间组群，因此拖延了片区的良性演变，但影响度小于 1%，可以忽略不计。

建筑遗产和片区空间组群从 2002 年至 2012 年,安全性都有所下降,而建筑遗产空间组群的下降速度慢于城市片区的下降速度,缓解了下降的趋势。不过由于影响度还不足 1%,如果考虑计算的误差,这种影响也可以忽略不计。

特色度的变化趋势与安全性一样,但不同的是,建筑遗产空间组群的影响力要比前者明显得多,约为 85%。这说明,尽管二者在特色度上都有所下降,但是建筑遗产空间组群极大地缓解了这种下降的趋势,其动态作用是良性的。

对理解度来说,片区空间组群的理解度出现上升,而遗产空间则为下降,增幅绝对值差为负,且影响度约为 30%。在该项上,建筑遗产空间组群对片区空间组群出现了恶性的动态影响。

总体而言,建筑遗产空间组群对片区的便捷性 A 与安全性 S 基本没有动态影响,对特色度 U 的良性动态作用十分明显,对理解度 I 有轻微恶性影响。最后,就空间组群的整体整合度来看,二者的变化趋势都向着良好的方向发展,但建筑遗产略微滞后于片区空间组群,综合各项,最终建筑遗产空间组群对片区的空间整合度有着轻微的恶性动态作用,影响度也仅为 12%。

4.2.6　小结

综合以上各项分析,我们会发现,就 2002 年大明宫建筑遗产空间组群对其所处城市片区的空间组群的静态影响关系来说,便捷性 A、理解度 I 为良性影响;对安全性 A 和特色度 U 则出现了恶性影响,但对整体的空间整合度依然是良性的带动作用,但作用十分有限。

到了 2012 年,大明宫建筑遗产空间组群对便捷性 A 和理解度 I 依然保持着良性影响,但影响度有所下降;对安全性和对特色度的恶性影响性质依然没有转变,但影响度有所减弱。总体来说,建筑遗产空间组群对所处城市片区的整合度静态影响依然为良性,但影响力度更加微弱了。

从动态关系来看,特色度出现了良性的动态关系(实际上,由于二者的特色度都下降了,这一良性动态关系的优化作用是发生在亡羊补牢的前提下的),建筑遗产对片区空间组群的便捷性和安全性的动态影响基本为零,理解度和最终的空间整合度,其动态影响均出现了不同程度的恶性作用。

　　由此可见,尽管大明宫遗址公园对所处城市空间组群的整合度在静态关系上有所提升,但动态作用确实抑制了整体空间组群的优化速度。这一动态关系若无法改变,则若干年后恐怕建筑遗产空间的静态影响作用也会呈现不良的状况。

4.3 大雁塔、曲江池片区研究

4.3.1 案例概况

本案位于西安市曲江新区内,曲江新区是陕西省人民政府于 1993 年批准设立的省级旅游度假区,位于西安城东南,是以文化产业和旅游产业为主导的城市发展新区。曲江新区在规划格局上以"一心、两带、三轴、四个板块"作为主要机构形态。其中"一心"即以大雁塔为整个曲江的核心;"两带"为贯穿整个新区,宽 100 m 的唐城遗址保护绿带和在绕城高速两侧共 100 m 宽的绿化景观带;"三轴"即雁塔南路旅游商业发展轴线、芙蓉东路生态休闲发展轴线和曲江大道景观轴线;"四个功能板块"为唐风商业板块、旅游休闲板块、科教文化板块和会展商务板块。简言之,即依托于当地的文化遗产、文物古迹,全面建成国家级文化产业示范区(2015 年),打造出一个以文化、旅游、生态为特色的国际化城市新形象。在该片区内重要的建筑遗产有三处:大雁塔-大慈恩寺、曲江池遗址和唐城墙遗址。

大雁塔又名大慈恩寺塔,位于中国陕西省西安市南郊大慈恩寺内。据史料记载,公元 649 年(唐贞观二十三年)大慈恩寺落成,玄奘任该寺首任主持,专心致力于佛经翻译事业。并于唐永徽三年创建大雁塔,用以保存自印度取回的经卷、佛像、舍利。大雁塔是楼阁式砖塔,塔通高 64.5 m,塔身为七层,塔体呈方形锥体,由仿木结构形成开间,由下而上按比例递减。塔内有木梯可攀登而上,是中国唐朝佛教建筑艺术杰作。2002 年起,西安市政府为大力发展旅游业,推广当地文化,以大雁塔为中心规划建设了大雁塔广场及其建筑群,占地近 1 000 亩,包括北广场、步行街、雁塔东苑(唐大慈恩寺遗址公园)、雁塔西苑(大雁塔文化休闲景区)、雁塔南苑、南广场、慈恩寺和商贸区等。其中,北广场占地 252 亩,建筑面积约 11 万 m²,总投资约 5 亿元,以唐文化广场与城市相接,形成曲江新区的北大门。

　　位于西安市城南和城西的唐城墙遗址为唐代长安城的西、南城墙,隋长安城始建于公元 582 年,唐代在其基础上进行了修建和扩充,现在地上部分已完全消失,仅探明一部分残存于地下的基址和夯土台。针对唐长安城郭城的格局,西安市于 1980—2000 年的总体规划中已经提出在城东郊、西郊和南郊,沿城墙遗址规划"唐城绿带",其规划的思想基本上延续了西安市第一轮总体规划对重大遗址进行避让的思想,用绿化公园的形式保护遗址。"唐城绿带"沿隋唐长安城外郭遗址,规划了宽约 100 m,总长约 17 km 的城市公共绿地。目前西郊唐延路和南郊雁南三路至雁南二路已分别建成了两个遗址公园,明德门社区内的遗址则作为城市绿地和应急避难所。在本案中所涉及的是南郊曲江新区内的唐城墙遗址段。唐长安城外郭在这里由于地形地势和当时的建设理念,形成了曲折的形态,因此唐城墙遗址公园也是曲折前行,穿过了大唐芙蓉园和曲江池遗址公园,东西分别紧邻曲江新区的重要项目——大唐不夜城和曲江池遗址公园。曲江段唐城墙遗址公园目前已经建成开放的部分约长 4.5 km ,宽约 100 m。绿地内建设了篮球场、羽毛球场等专业运动场地,还建有健身广场、儿童游戏场、大型游乐场等休闲娱乐设施,以及表现唐代艺术文化的城市雕塑。

　　曲江池遗址位于西安南郊原曲江池村,是我国汉唐时期一处著名的风景园林。这里在秦代被称为"恺洲",秦始皇在此修建离宫名"宜春苑"。汉武帝将曲江列入皇家苑囿,并在此开渠,建设"宜春后苑"和"乐游苑"。隋朝宇文恺在此地凿地为池,隋文帝称其为"芙蓉池"。后唐玄宗复名"曲江池",但仍称其内宫苑为"芙蓉园"。曲江池在唐时达到极盛,唐明皇每年两次在此宴会群臣,当进士们考试及第后,会成群结伴到曲江大摆宴席,饮酒庆贺,此即"曲江流饮",为长安八景之一。唐代以后逐渐废弃为农田。该遗址在 2007 年投资建设遗址公园之前已经没有任何地上留存。曲江池遗址公园由西安曲江新区管委会投资建设,是西安市 2008 年重点建设项目。曲江池遗址公园北与大唐芙蓉园相连,南临秦二世陵遗址公园,西接唐城墙遗址公园,东衔寒窑遗址公园。公园投资约 20 亿元(其中征地约 14 亿元,建设费用 6.68 亿元),占地 1 500 亩,其中水面景观约 900 亩,绿地面积 291 亩,水体南北纵长 1 088 m,东西宽窄不同,最宽处 552 m,园区总建筑面积约 26 000 m²。

4.3.2　城市空间组群的演变

1) 案例的地理边界与时间节点

为了准确和深入的分析整个片区在历史上的空间整合度,首先要确定研究的具体地理边界和时间节点。就地理边界来说,以雁塔路、南三环、曲江大道(旧名三兆路)和南二环所围合的片区基本包含了三处遗址从历史上到现在的影响范围。从市民的心理意向来说,这几条道路的边界暗示也相当显著,南三环和南二环是西安市重要的区域分界线,而雁塔路则划分了曲江新建区和传统建成区,曲江大道则是西安市曲江开发区的重要交通轴线,也是曲江新区一期规划和二期规划的分界线。因此,由这四条街道所围合的片区,不仅受到遗产的影响,还是近十年城市建设速度较快、变化较大、矛盾集中的一个典型区域。

就时间节点而言,大雁塔-大慈恩寺在西安历史上是始终存在的,它的开发始于 2000 年,以 2000 年为界,大雁塔-大慈恩寺与周边城市空间的关系以及其遗产本身的空间形态都发生了明显的变化。而曲江池遗址公园和唐城墙遗址公园的开发则始于 2002 年之后,在 2002 年之前的历史卫星地图上,曲江池遗址仅是一片空白的土地,而唐城墙遗址则完全找不到痕迹,尽管这两处遗产空间的明显变化发生在 2002 年前后,但是从 2000 年到 2002 年期间,它们的空间关系和空间形态基本维持不变。因此,可以将时间节点设定在 2000 年,将那时的历史状态与现状进行比较。如图 4-21 与图 4-22 分别显示了在 2000 年与 2012 年大雁塔、曲江池片区的空间状态。这样就完成了研究前的基础工作。

图 4-21　2000 年大雁塔、曲江池片区卫星地图
图片来源：google earth

图 4-22　2012 年大雁塔、曲江池片区卫星地图
图片来源：google earth

2）历史状态分析

第一步，将拼合后的卫星地图进行矢量化，生成可供下一步分析的可达空间平面图。在该图中，所有的开放型广场、绿地、可以步行经过的街道（包括天桥、人行横道）都被视为可达空间。而不能随意出入的建筑、住宅小区、办公区、学校和其他封闭型管理的区域，以及水面则被视为不可达空间，基于这两类空间形成该片区的历史可达空间平面图，如图 4-23，图中白色为可达空间、灰色为遗产覆盖区，1 所示位置为大雁塔-大慈恩寺，2 所示位置为曲江池遗址，唐城墙遗址还无法从图中辨别。

第二步，将可达空间平面图导入 Depthmap，生成轴线图，如图 4-24 所示，并通过该软件计算每条轴线的全局选择度 C_n、局部选择度 C_3、连接度 C_0、全局集成度 R_n、局部集成度 R_3。保持其他量不变，将 C_0 除以空间总数 K 后，得出相应的三级因子：C_n、C_3、C_k（连接度比值）、R_n、R_3，在此空间系统中 $K=696$。（由Depthmap 运算生成的空间属性值详表见附录 9）这些三级因子说明了空间组群中每条轴线在排除空间数量干扰后的空间属性，而轴线的属性可以说明其所处空间的性质，因此，可用于比较不同空间组群中的不同单个空间。但本书所关注的是空间组群与空间组群之间的关系，因此还需要对这些数值作进一步处理。

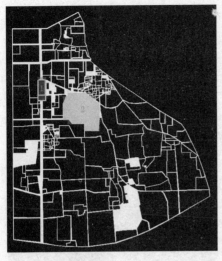 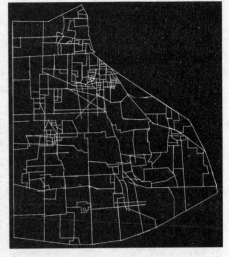

图 4-23　2002 年大雁塔、曲江池片区可达空间平面图　　图 4-24　2002 大雁塔、曲江池片区轴线示意图
图片来源:作者自绘　　　　　　　　　　　　　　　　　图片来源:作者运用 Depthmap 生成

　　第三步:为了研究空间组群的属性,先对三级因子求和,然后排除空间组群中数量对空间群属性的干扰,得出可以描述空间组群属性的标准值。按照公式 $M = \sum X/K$ 进一步计算出二级因子 —— 空间组群属性标准值:全局选择度标准值 MC_n、局部选择度标准值 MC_3、连接度标准值 MC_k、全局集成度标准值 MR_n、局部集成度标准值 MR_3 如下表:

表 4-15　2002 年大雁塔、曲江池片区空间组群二级因子列表

	MC_n	MC_3	MC_k	MR_n	MR_3
M_1	0.016 909 334	0.047 306 999	0.011 007 091	1.229 357 674	2.317 153 985

　　二级因子表示的是,在排除空间组群中所含空间单元数量的干扰后,空间组群的属性。因此,可用于在不同空间组群之间进行比较。

　　第四步,根据一级因子的公式,进一步计算出一级因子:便捷性 A、特色度 U、安全性 S。

$$A = 0.2MC_n + 0.3MC_k + 0.5MR_n$$

$U = K$(K 为以 R_3 为 Y 轴,R_n 为 X 轴时的回归线斜率;R_3 与 R_n 的决定系数 $R^2 < 0.5$ 时,则将 U 值定义为 0)。

$$S = 0.3MC_n + 0.3MC_3 + 0.2MC_k - 0.2MR_n$$

　　计算后得出,A、S 分别约为 0.621 4、-0.224 4。需要说明

的是 S 值的正负并没有特殊含义,大部分空间的 S 值计算结果都为负数,我们考察的只是这个数值的大小,与正负无关。如图 4-25 与图 4-26,再通过 Excel 计算一级因子空间理解度 I,在该空间组团中 I 为 0.377 1(如图 4-26 所示,决定系数 $R^2=0.377$ 1)。空间特色度 U 为 2.214 7,其中 R_3 与 R_n 的决定系数(拟合度)R^2 为 0.600 3,因此 U 值有效。

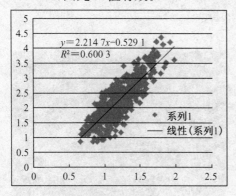

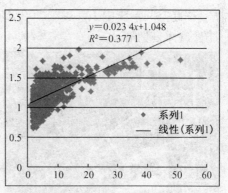

图 4-25 空间特色度散点图,图中 $R^2=0.600$ 3
图片来源:作者运用 Excel 自制

图 4-26 空间理解度散点图,图中 $R^2=0.377$ 1
图片来源:作者运用 Excel 自制

将一级因子代入公式 $N=0.4A+0.2I+0.1U+0.3S$,可以得出大雁塔、曲江池片区在 2000 年的空间整合度值 N 约为 0.478 7。

表 4-16 2002 年大雁塔、曲江池片区空间组群一级因子与整合度列表

	A	S	U	I	N
F_1	0.621 362 831	−0.224 405 217	2.214 7	0.377 1	0.478 693 567

3)现状分析

曲江新区作为西安市重点建设的开发区之一,在其后的 10 年中有了很大的改变,除了在原有基础上增加了大雁塔、曲江池遗址的辐射影响面积,还增加了唐城墙遗址公园的建设。对于其现状,也进行与历史状态相同的分析。

第一步,将拼合后的卫星地图进行矢量化,生成可供下一步分析的可达空间平面图。在该图中,所有的开放型广场、绿地、可以步行经过的街道(包括天桥、人行横道)都被视为可达空间。而不能随意出入的建筑、住宅小区、办公区、学校和其他封闭管理型的区域,以及水面则被视为不可达空间,基于这两类空间形

成该片区的现状可达空间平面图,如图 4-27,其中白色为可达空间、灰色为遗产覆盖区,1 所示位置为大雁塔遗产空间、2 为曲江池遗产空间、3 为唐城墙遗产空间。

第二步,将该矢量图导入 Depthmap,生成轴线图,如图 4-28 所示,并通过该软件计算每条轴线的 C_n、C_3、C_O、R_n、R_3,其中将 C_O 除以空间总数 K 后,得出相应的三级因子:C_n、C_3、C_k、R_n、R_3,在此空间系统中 $K=421$。(由 Depthmap 运算生成的空间属性值详表见附录 10)

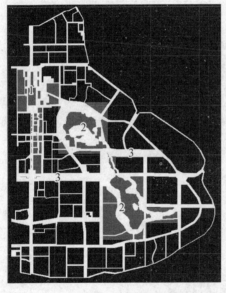

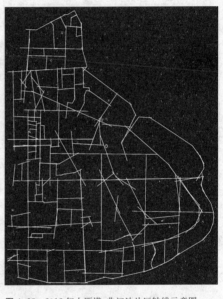

图 4-27　2012 年大雁塔、曲江池片区可达空间平面图
图片来源:作者自绘

图 4-28　2012 年大雁塔、曲江池片区轴线示意图
图片来源:作者运用 Depthmap 生成

第三步:按照公式 $\sum X/K$ 进一步计算出二级因子空间属性标准值 MC_n、MC_3、MC_k、MR_n、MR_3 如下表:

表 4-17　2012 年大雁塔、曲江池片区空间组群二级因子列表

	MC_n	MC_3	MC_k	MR_n	MR_3
M_2	0.014 226 028	0.017 743 651	0.039 178 294	2.237 223 651	3.133 377 261

第四步:通过 Excel 计算一级因子空间理解度 I,在该空间组团中 I 为 0.553 8(如图 4-30 所示,$R^2=0.553\,8$);空间特色度 U 约为 1.511 0,因为局部集成度与全局集成度的 R^2 为 0.642 9,因此 U 值有效。(如图 4-29、图 4-30 所示)

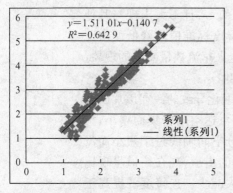

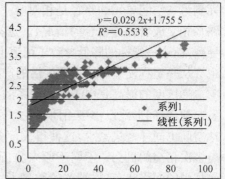

图 4-29 空间特色度散点图,图中 $R^2 = 0.642\ 9$
图片来源:作者运用 Excel 自制

图 4-30 空间理解度散点图,图中 $R^2 = 0.553\ 8$
图片来源:作者运用 Excel 自制

再根据二级因子和相关公式,进一步计算出一级因子:A、S 分别约为 $1.133\ 2$、$-0.430\ 0$,结合 I 值和 U 值,可以得出大雁塔、曲江池片区空间组群在 2012 年的空间整合度值约为 $0.585\ 4$。

表 4-18 2012 年大雁塔、曲江池片区空间组群一级因子与整合度列表

	A	S	U	I	N
F_2	1.133 210 519	−0.430 018 168	1.511 01	0.553 8	0.585 379 757

4)纵向比较分析

通过对该片区历史与现状的二级因子的比较,可以直观地看出二级因子的变化较大,这是由于整个曲江新区的规划建设与原有的城市肌理非常不同。

表 4-19 大雁塔、曲江池片区空间组群二级因子历史、现状对照表

	MC_n	MC_3	MC_k	MR_n	MR_3
M_1	0.016 909 334	0.047 306 999	0.011 007 091	1.229 357 674	2.317 153 985
M_2	0.014 226 028	0.017 743 651	0.039 178 294	2.237 223 651	3.133 377 261
a_m	−0.002 683 306	−0.029 563 348	0.028 171 203	1.007 865 977	0.816 223 276

开发后,整个片区的空间关系有所改变,大规模的住宅区与单位大院不断涌现,这些不可达的封闭空间面积的增长改变了原有的空间关系,可达空间也随之变得疏朗,人们在这一片区内的活动方式也随之发生了明显的变化。道路之间的关系简单明了,从一个可达空间到另一个可达空间的路径趋向于准确和单一化,各路径之间相交的机会也减少了(也就是说从一个空间单

元到另一空间单元的路径是相对唯一的,并且不太出现与其他路径相交或者部分重合的情况)。选择度标准值的降低便由此导致,而这一指标的降低导致了街道上人车流数量减少的现象,也会从一定程度上影响街道生活的产生。

连接度的提高是由于路网关系的变化导致的。在该片区开发之前,空间形式以小型组团为主,不可达空间密集而狭小,可达空间也同样密集紧凑,这使得大部分空间轴线过于短小而没有多次相交的机会。不同于原来曲折的街道,现在街道呈现比较规则的网格状,且尽端路的数量大大减少。连接度的提高正说明了每条街道上交叉路口数量的增多。人们不再需要经过多次空间转折就可以从一点移动到另一点,连接度标准值的提高有助于交通便捷性的提高,人们有目的的往返于目标空间之间的时间被缩短了。

全局集成度和局部集成度标准值的提高则是由于单位空间的全局集成度与局部集成度提高了。在这一片区开发以前,密集的空间单元和曲折的道路使得空间单元的拓扑深度较深,而在改造后,道路的疏通和空间单元的扩大,使每个单元的拓扑深度都有所降低,从而导致了整个片区集成度标准值的增高。

与此同时,全局集成度标准值的升高幅度超过了局部集成度标准值。这说明在整个片区空间组群内,空间的分布是趋于匀质的,没有哪一个空间邻接了格外多的空间,也没有哪一个单位面积里的空间数相比较其他单位面积里的空间数量格外多。片区内节点出现的可能性被大大削弱了。

选择度标准值降低意味着街道上随机出现的人流将会有所减少;连接度的增高可能有利于有目的的出行效率的提高;集成度标准值增高则意味着有目的性的到达该片区的人数将会增多。同时,片区内局部集成度增高幅度不大,则说明到达该片区的人流将在片区内相对均匀地分布,而不容易出现聚集的节点。

表 4-20　大雁塔、曲江池片区空间组群一级因子及整合度历史、现状对照表

	A	S	U	I	N
F_1	0. 621 362 831	−0. 224 405 2	2. 214 7	0. 377 1	0. 478 693 567
F_2	1. 133 210 519	−0. 430 018 2	1. 511 01	0. 553 8	0. 585 379 757
a_f	0. 511 847 688	−0. 205 613	−0. 703 69	0. 176 7	0. 106 686 19

这些二级因子的变化,直接引起了一级因子的变化。从表4-20 的数据中来看,可以发现大雁塔、曲江池片区在兴建遗址公园、开发遗产前后,便捷性从 0.621 4 上升至 1.133 2,理解度从 0.377 1 提升至 0.553 8。这些空间组群属性不同程度的提高,与主要道路网的改变和大面积城中村的拆除有关。同时在三处重要的建筑遗产空间里出现了轴线密集、视线开阔的区域。从卫星地图上可以清楚地比较出,该片区在 2012 年围绕遗产空间,出现了许多南北向、东西向通达的道路,串接了绝大部分的街块和住区,道路的畅通极大程度上缓解了交通的不便,整个片区的空间整合度也有所提高。不过安全性从 -0.224 4 下降至 -0.430 0,而且空间组群特色度也降低了很多,这是由于该片区在开发建设前后,其全局集成度上升过快,而全局选择度和局部选择度,以及局部集成度上升幅度过小所导致的。

从西安市的规划角度来说,曲江新区要建设成为具有鲜明特色的一个区域,政府在特色的塑造上也投入了大量的资金,从城市家具到景观绿化,都希望能够体现出这个片区与众不同的独特性,这些做法不能说毫无功效。但是就空间属性本身而言,特色度的降低,意味着现在的大雁塔、曲江池片区在其空间关系上还不如十年以前那样更容易形成独特的场所。我们当然希望所花费的人力和物力能够达到事半功倍的效果,而如果我们的规划意图和空间自组织的规律相违背,就会出现两种力量——人为干预和自组织效应相互抵消的现象,空间整合度会因为这二者的抵消而难以达到我们所希望的优化幅度,这显然不是我们所希望看到的。

社会调查的结果,也可以和这些数据相互印证。

该片区内的住宅区建成年份集中在 2007 年以后,均为高端或中高端商业住宅小区,该区的房价目前在西安市属于最高的价格区间。无论是住宅小区的建设速度还是房价的提升都呈加速的趋势,这和便捷性的提升不无关系。但是另一方面,街道生活的缺乏也是该片区的一个显著现象,尽管住宅小区林立,但是宽阔的道路在全天的大部分时段都车辆稀少,而在上下班高峰期却会出现暂时性的交通拥堵,这说明片区内的居住人口很多,但是人们很少愿意在公共空间内活动。大雁塔广场的商业街人流量也不大,与西安市其他同性质的商业街相比,客流量明显不足。是什么导致了人们不愿意,或者说不主动的汇聚在政府依托遗产而大力打造的城市公共空间里呢? 从社会问卷所得到的答案来看,主要是两个方面:一是居住在该片区的人们认为街道冷清没有公共活动;二是西安市其他地区的人们认为曲江区容易迷失方向(据调查,另一个容易迷失方向的区域是西安市高新技术开发区,该片区将在下文详细讨论),因此不喜欢选择这里作为他们的购物、休闲场所。

第一个原因充分说明了人的社会活动的正向或负向引发作用,"我不去那里,是因为大家都不去"。在大雁塔、曲江池片区内,随处可见空置广场、无人问津的售卖处、门可罗雀的游乐场(如4-31的一组图片所示)。能够聚集人气的空间需要的不仅仅是人为的构筑物和消费场所,还需要空间本身易于聚集人流。人群的到来自然会引发多种社会活动,并使得空间组群具备其独特的场所感,但这需要空间属性中特色度的提高。

图4-31a 无人行走的街道　　图4-31b 冷清的游乐场　　图4-31c 无人问津的小卖亭
图片来源:作者自摄　　　　图片来源:作者自摄　　　　图片来源:作者自摄

第二个原因显然是由于空间群的理解度偏低所造成的。实际上,西安市整个城区空间的理解度都是很高的,据计算西安市城市空间组群的理解度在2005年约为0.75①,而大雁塔、曲江池片区目前的空间理解度仅有0.55左右,勉强高于及格线0.5。对于从来不用费心考虑方向、路线问题的西安市民来说,这个数值显然不能令人满意。因此,提高理解度也是该片区的公共空间吸引更多人气的必要措施之一。

基于这些分析,可以得出一个阶段性结论:对于大雁塔、曲江池片区来说,我们需要通过调整空间关系来提高整个片区的理解度与特色度。此外,尽管目前该片区尚未出现犯罪或者反社会行为聚集的现象,但下降的安全性却会成为一个隐患。

----

① 黄佳颖.西安鼓楼回族聚居区结构形态变迁研究.华南理工大学博士学位论文,2010.6,第94页

4.3.3 建筑遗产空间组群的演变

大雁塔、曲江池片区的建设,很大程度上是依托建筑遗产而进行的,尽管不能武断地说,建筑遗产空间完全决定了该片区的空间发展,但是遗产空间在其中所起到的重要影响是绝对不能忽略的。那么,遗产空间组群本身又发生了怎样的变化呢?

为了更好地分析遗产空间组群在整个片区空间组群中的变化,我们需要考察遗产空间组群本身的属性演变。然后通过比较二者的变化程度,来分析二者的动态关系。首先比较二级因子:MC_n、MC_3、MC_k、MR_n、MR_3,计算方法与前述相同。

表 4-21　建筑遗产空间组群二级因子历史、现状对照表

	MC_n	MC_3	MC_k	MR_n	MR_3
M_{y1}	0.033 216 69	0.022 807	0.033 853	1.628 596	3.463 574 8
M_{y2}	0.017 782 39	0.011 533	0.057 149	2.569 959	3.643 420 73
a_{my}	−0.015 434 298	−0.011 274 5	0.023 295 3	0.941 363 4	0.179 845 931

表中 M_{y1} 为建筑遗产空间组群在 2000 年的二级因子,M_{y2} 为建筑遗产空间组群在 2012 年的二级因子。

从上表可见,由大雁塔、曲江池以及后来的唐城墙遗址所形成的建筑遗产空间组群,其属性中的全局选择度标准值 MC_n、局部选择度标准值 MC_3 有所降低,其他标准值均有不同程度的升高。

表 4-22　建筑遗产空间组群一级因子与整合度历史、现状对照表

	A	S	U	I	N
F_{y1}	0.831 097 3	−0.302 14	3.476 4	0.607 4	0.710 916 5
F_{y2}	1.305 680 72	−0.493 77	1.328 5	0.658 1	0.638 612
a_{fy}	0.474 583 42	−0.191 626 2	−2.147 9	0.050 7	−0.072 304 501

表中 F_{y1} 为建筑遗产空间组群在 2000 年的一级因子,F_{y2} 为建筑遗产空间组群在 2012 年的一级因子。

从上表可以看出,该片区中的建筑遗产空间组群的特色度 U 与安全性 S 有所降低,便捷性 A 有所提升,理解度 I 基本维持不变,总体而言空间整合度略微降低了。便捷性 A 的提升显

然是连接度与集成度标准值一同增高所导致的,这使得片区的交通出行效率有所优化。安全性的下降,则是全局集成度提升幅度太大,而选择度标准值有所下降,连接度标准值的上升幅度不足以中和集成度的变化作用而导致的。特色度 U 的下降是最不希望看到的,由于局部集成度上升幅度不足,导致该建筑遗产空间难以形成特色场所,这完全有违于规划建设的初始意图。理解度相比较历史状态则有所提高,虽然幅度不大,但目前所达到的数值(接近 0.66)还是比较理想的。综合四项一级因子的变化趋势,建筑遗产空间组群的空间整合度还是有所下降,虽然幅度不大,但依然值得重视。

(该部分计算数据详见附录 11、附录 12)

4.3.4　建筑遗产空间组群对城市空间组群的静态影响

1) 遗产空间群的历史影响

为了更直观地体现建筑遗产空间组群,在各空间属性上对片区空间组群的作用,我们可以通过散点图来进行分析。

在散点图中,可以直观地看出不同时间节点中遗产空间群的属性值在整个片区空间群属性值中的位置。在下列散点图中每一个点代表一条空间轴线,X 轴为空间轴线的编号,Y 轴为某项空间属性值,通过标记点位置的高低可以看出该轴线的属性值的大小。较大"＊"为建筑遗产空间中的轴线,较小"＊"为片区中其他空间轴线。如果较大"＊"的位置普遍在 Y 坐标较高的地方,则说明建筑遗产空间组群在该项上的数值普遍较大。

第一组图为大雁塔遗产空间与整个片区空间群的各项属性在 2000 年的散点图:

图 4-32a　全局选择度散点图
图片来源:作者运用 Depthmap 生成

图 4-32b　局部选择度散点图
图片来源:作者运用 Depthmap 生成

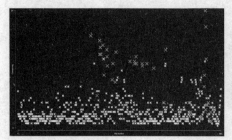

图 4-32c　连接度散点图
图片来源:作者运用 Depthmap 生成

图 4-32d　全局集成度散点图
图片来源:作者运用 Depthmap 生成

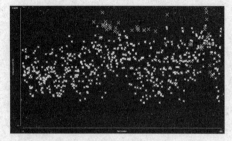

图 4-32e　局部集成度散点图
图片来源:作者运用 Depthmap 生成

　　从图中我们可以看出,代表建筑遗产空间轴线的大标记点在全局选择度、连接度、全局集成度和局部集成度散点图中,都处在位置较高的区域,而在局部选择度散点图中则普遍处在较低的范围里。

　　这说明,大雁塔、曲江池建筑遗产空间在 2000 年时,可能对片区空间组群的全局选择度、连接度、全局集成度和局部集成度标准值有着拉升的作用,而对局部选择度标准值有着降低的作用。

　　2) 遗产空间群目前的影响

　　用同样的方法可以分析曲江池遗址在 2012 年对空间组群的影响,各属性散点图如图 4-33 所示:

图 4-33a　全局选择度散点图
图片来源:作者运用 Depthmap 生成

图 4-33b　局部选择度散点图
图片来源:作者运用 Depthmap 生成

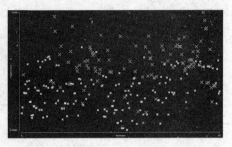

图 4-33c 连接度散点图
图片来源：作者运用 Depthmap 生成

图 4-33d 全局集成度散点图
图片来源：作者运用 Depthmap 生成

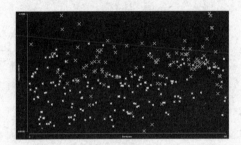

图 4-33e 局部集成度散点图
图片来源：作者运用 Depthmap 生成

从上述各图来看，大标记点的分布位置明显比历史状态要均匀，这说明建筑遗产空间组群的轴线属性值与片区中其他空间轴线的属性值之间的差异没有历史上那么明显了。不过，依然能够看出在全局选择度、连接度、全局集成度、局部集成度散点图中大标记点的位置偏高；在局部选择度散点图中，大标记点的位置偏低，这说明建筑遗产在现状中的影响作用与历史上的影响作用在大趋势上相同。

直观的感性认识虽然可能有助于在大体上把握大致的概况，但显然还不足以说明空间演变的具体细节，因此需要做下一步的量化研究。

3）静态影响度的量化分析

为了进一步准确地评估建筑遗产空间组群对其所处城市片区空间组群的影响，需要将这些影响量化。通过二者的空间属性标准值的差，可以判断建筑遗产空间的影响作用驱向，用标准值差的绝对值除以城市片区空间属性标准值再乘以 100%，可以计算出其影响度，以判断其影响的大小。具体数值见下表：

表 4-23 片区空间组群与建筑遗产空间组群二级因子影响对照表

	MC_n	MC_3	MC_k	MR_n	MR_3
M_1	0.016 909 334	0.047 306 999	0.011 007 091	1.229 357 674	2.317 153 985
M_{y1}	0.033 216 686	0.022 807 12	0.033 853 292	1.628 595 943	3.463 574 8
d_{m1}	0.016 307 352	−0.024 499 879	0.022 846 201	0.399 238 269	1.146 420 815
i_{m1}	96.439 942 6%	51.789 121 1%	207.558 936 3%	32.475 355%	49.475 383 3%
M_2	0.014 226 028	0.017 743 651	0.039 178 294	2.237 223 651	3.133 377 261
M_{y2}	0.017 782 388	0.011 532 664	0.057 148 633	2.569 959 298	3.643 420 731
d_{m2}	0.003 556 36	−0.006 210 987	0.017 970 339	0.332 735 647	0.510 043 47
i_{m2}	24.998 966 7%	35.003 996 6%	45.868 099 8%	14.872 703 8%	16.277 754 9%

表中 M_{y1}、M_1 分别表示历史上建筑遗产空间组群属性标准值和片区空间组群属性标准值，d_{m1}、i_{m1} 分别表示建筑遗产对片区空间组群的历史属性标准值差和历史影响度。M_{y2}、M_2 分别表示现在建筑遗产空间组群属性标准值和片区空间组群属性标准值，d_{m2}、i_{m2} 分别表示建筑遗产对片区空间组群的现状属性标准值差和现状影响度。

从上表数据可以看出，就影响趋向来说，在 2000 年遗产空间降低了该片区空间的局部选择度，增大了其他属性标准值。就影响力的大小来说，遗产空间对于该片区空间的影响最大的在于连接度和全局选择度，影响度 i 分别约为 207% 和 96%；对局部选择度、全局集成度、局部集成度的影响程度次之，影响度 i 分别为 52%、32% 和 49%。

在 2012 年，这些影响各自发生了一些变化。虽然各空间属性的影响趋向依然与历史相同，但影响幅度有所改变。影响力的大小与历史相比普遍有所下降了。影响最大的依然是连接度，但其影响度 i 下降为约 46%；其次为局部选择度，它的影响度也下降至约 35%；对于其他空间属性的影响度均在 30% 以下，都属于轻微影响。

接下来分析对于一级因子和整合度的影响趋向和影响度。用建筑遗产空间组群的一级因子数值减去片区空间组群的一级因子数值，得到因子值差。取因子值差的绝对值后除以片区因子数值的绝对值，得到影响度。

表 4-24　片区空间组群与建筑遗产空间组群一级因子与整合度影响对照表

	A	S	U	I	N
F_1	0.621 362 831	−0.224 405 217	2.214 7	0.377 1	0.478 693 567
F_{y1}	0.831 097 296	−0.302 141 388	3.476 4	0.607 4	0.710 916 502
d_{f1}	0.209 734 465	−0.077 736 171	1.261 7	0.230 3	0.232 222 935
i_{f1}	33.753 944 5%	34.640 982 2%	56.969 341 2%	61.071 33%	48.511 814 3%
F_2	1.133 210 519	−0.430 018 168	1.511 01	0.553 8	0.585 379 757
F_{y2}	1.305 680 716	−0.493 767 617	1.328 5	0.658 1	0.638 612 001
d_{f2}	0.172 470 197	−0.063 749 45	−0.182 51	0.104 3	0.053 232 244
i_{f2}	13.209 216 8%	12.910 820 2%	13.738 050 4%	15.848 66%	8.335 616%

表中 F_{y1}、F_1 分别表示历史上建筑遗产空间组群一级因子和片区空间组群一级因子，d_{f1}、i_{f1} 分别表示建筑遗产对片区空间组群的历史因子值差和历史影响度。F_{y2}、F_2 分别表示现在建筑遗产空间组群一级因子和片区空间组群一级因子，d_{f2}、i_{f2} 分别表示建筑遗产对片区空间组群的现状因子值差和现状影响度。

基于上表中的数据，可以看出在 2000 年遗产空间组群对于所处片区空间组群的整合度一级因子的影响除了安全性外均为良性影响。对于便捷性 A 来说，建筑遗产空间组群的便捷性高于片区的，且影响度较为明显，约为 34%。而建筑遗产空间组群的安全性 S 低于片区整体水平，影响度也较为明显，约为 35%。而建筑遗产空间组群在特色度 U 和理解度 I 上，对片区均产生了良性影响，且影响力度较大，分别约为 57% 和 61%，各项因子的影响综合之后，建筑遗产空间组群在历史上对片区空间组群的空间整合度良性影响约为 49%。

到了 2012 年，所有的影响力都有所下滑。对于便捷性 A 的良性影响下滑至 13%；对于安全性 S 的恶性影响度下滑至 13%；而对于特色度的影响却从原先的良性演化为恶性，影响度约为 14%；对于理解度的影响依然为良性，影响度降至约 16%。综合各项影响之后，目前建筑遗产空间组群对片区空间组群的空间整合度依然为良性影响，但影响力降至约 8%。目前，所有因子和整合度的影响度均为轻度影响。由此，我们不难发现，政府花费大量人力物力所进行的遗产开发和遗址区建设，并没有起到其应有的作用，因为它们对周边城市空间的影响力下滑严重,且特色度还转化成了恶性影响。

依据上述数据和分析,我们可以得出一个阶段性结论:遗产空间组群的影响力整体呈下降态势,目前对于一些一级因子(安全性 S 和特色度 U)还出现恶性影响,这都是我们需要解决的问题。

4.3.5 建筑遗产空间组群对城市空间组群的动态影响与量化分析

建筑遗产空间组群和大雁塔、曲江池片区空间组群是一小、一大两个都在不断变化的体系。要研究二者之间的影响关系,仅考察固定时间节点的静态影响是不够的,还需要考察二者的动态影响关系。遗产空间组群作为城市空间组群的一个子系统,也处在不断的变化发展中,且它的变化发展速度与方向,未必与整体空间系统的变化完全一致。进一步比较二者的发展趋势,有利于理清二者的动态关系和预测二者未来的关系发展。

在下表中,列出了大雁塔、曲江池片区空间组群和建筑遗产空间组群的二级因子与一级因子在 2000 年到 2012 年的增幅,增幅的绝对值大小说明了空间组群的变化幅度,正负说明了变化趋向。用遗产空间属性增幅的绝对值减去片区空间属性增幅的绝对值,则可以体现二者的变化幅度差,如果为正则说明遗产空间组群属性的变化幅度大于片区空间组群的属性变化幅度,若为负,则相反。

表 4-25　二级因子增幅比较

	MC_n	MC_3	MC_k	MR_n	MR_3
a_m	−0.002 683 306	−0.029 563 348	0.028 171 203	1.007 865 977	0.816 223 276
a_{my}	−0.015 434 298	−0.011 274 456	0.023 295 341	0.941 363 355	0.179 845 931
d_m	0.012 750 992	−0.018 288 892	−0.004 875 862	−0.066 502 622	−0.636 377 345
i_m	475.197 089%	61.863 399 2%	17.307 965 2%	6.598 359 7%	77.966 086 5%

表中 a_m、a_{my} 分别表示片区空间组群在各项二级因子上的增幅,以及建筑遗产空间组群在各项二级因子上的增幅;d_m、i_m 分别表示建筑遗产空间组群的因子增幅与片区增幅之间的绝对值差,以及建筑遗产对片区的动态影响度。

相比较而言,在同样长的时间里(2000 年至 2012 年),遗产

空间的二级因子 MC_3、MC_k、MR_n、MR_3 的变化速度全部滞后于整体,仅 MC_n 的变化速度较片区为快。这是符合实际情况的,因为对建筑遗产的再建设和改造,总是相对比其他区域要保守些,因此变化速度较慢是必然的。

具体来说,建筑遗产空间组群与片区空间组群在全局选择度和局部选择度标准值上都有所下降,不过遗产空间组群在前者的下降速度上远超片区在该值的下降速度;而在后者的下降速度上却迟缓于片区。建筑遗产空间组群极大地加速了片区空间组群在全局选择度标准值上的下降趋势,而减缓了在局部选择度上的下降速度。

两个空间组群在连接度标准值和全局集成度、局部集成度标准值上都有所上升,且建筑遗产空间组群的上升速度都比较慢。相对而言,速度差距最大的是局部集成度标准值,建筑遗产空间组群明显滞后了整个片区在该值上的提升速度,其影响度约为 78%;而另外两项的滞后影响都属于轻度影响。

用同样的方法比较一级因子的动态变化,如下表。

表中 a_f、a_{fy} 分别表示片区空间组群在各项一级因子上的增幅,以及建筑遗产空间组群在各项一级因子上的增幅;d_f、i_f 分别表示建筑遗产空间组群的因子增幅与片区增幅之间的绝对值差,以及建筑遗产对片区的动态影响度。

表 4-26　一级因子增幅比较

	A	S	U	I	N
a_f	0.511 847 688	−0.205 613	−0.703 69	0.176 7	0.106 686 19
a_{fy}	0.474 583 42	−0.191 626 2	−2.147 9	0.050 7	−0.072 304 501
d_f	−0.037 264 268	−0.013 987	1.444 21	−0.126	−0.034 381 689
i_f	7.280 343 1%	6.802 45%	205.233 84%	71.307 3%	32.226 935 1%

从上表中的数据不难发现,除特色度外几乎全部的增幅绝对值差都是负数,这意味着遗产空间组群的属性变化幅度低于整体片区空间组群的属性变化,拖延了片区组群的一级因子便捷性与理解度的良性变化。就特色度来说,由于二者都出现了下降,而片区空间组群特色度的降低幅度却小于遗产空间组群特色度的降低幅度(针对 U 值的 d_f 为正),因此,遗产空间组群在特色度上的演变还是对片区空间的演变有着恶性影响。不过

对安全性倒是出现了轻度的良性影响。

就影响程度来说,对特色度发展的滞后作用最明显,其影响度高达 205％;其次为理解度,影响度约为 71％;对于便捷性 A 和安全性 S 的影响度均为轻度影响。综合各项因子的影响趋势和影响度之后,建筑遗产空间组群对片区空间组群的空间整合度值动态影响呈现中度恶性作用,影响度约为 32％。

据此,我们可以说,在大雁塔、曲江池片区内,尽管建筑遗产空间组群在固定的时间节点上,提升了整个片区空间组群的整合度,二者的静态关系是良性的。但另一组不容忽视的动态比较数字告诉我们,在动态关系上,建筑遗产空间组群削弱了整体片区空间组群的整合速度,二者的动态关系是恶性的。

4.3.6 小结

本节首先确定了案例研究的地理边界和时间节点。通过 Depthmap 分析整个片区的各空间轴线属性值,再利用相关公式计算出空间组群的历史和现状的空间属性标准值。通过对数据的分析,我们会发现,在 2000 年大雁塔、曲江池片区内的建筑遗产空间组群在便捷性 A、特色度 U 和理解度 I 上均为静态良性影响,虽然对安全性 S 出现了静态恶性影响,但综合之后的整合度影响作用依然为良性。

而 2012 年,在四项一级因子中,特色度 U 也转化为恶性影响了,好在影响度并不很高。不过,另外两项呈良性影响的因子便捷性 A 和理解度 I 的影响度也下降了,且对于安全性 S 的作用依然为恶性。尽管综合之后的整合度影响依然呈现良性作用,但作用力度更加微弱了。

大雁塔、曲江池片区中,建筑遗产空间组群与片区空间组群二者的动态关系则完全不容乐观。四项一级因子中,仅安全性 S 一项为良性动态关系,其余三项和最终的空间整合度均出现了恶性动态关系。

总体来说二者的静态关系尚好,而动态关系不佳,若不对二者的动态关系进行调整,在将来有可能出现遗产空间组群非但不能带动整个片区的发展,反而会降低该片区城市空间整合度的现象。

4.4 唐城墙遗址——唐延路片区研究

4.4.1 案例概况

唐城墙遗址(唐延路段)位于西安市高新技术产业开发区内,西安高新技术产业开发区(后简称西安高新区)是 1991 年 3 月国务院首批批准的国家级高新区之一,成立之初仅规划了 3.2 km²,由政策区和集中新建区两部分组成。集中新建区是西安高新区规划建设的重点,该区内的建设项目均由高新区自行管理,集中新建区的一期建筑面积约 4.12 km²。一期规划目标是建设一个高科技、高环境、高效益的现代化产业园区(以产业为主体,科、工、贸相结合的新型综合区),规划解决就业人数约2.8 万人至 3.3 万人,将北部建设为产业区,南部建设为综合配套区。

1997 年经国家科委和市政府的"市政函(1997)20 号文件"批准,将新建区扩大为 10.46 km²,二期建设用地于 1997 年正式启动建设。二期的规划目标是在大力发展高新技术产业的同时,注重综合开发,逐步把高新区建设成经济繁荣、功能齐全、环境优美、有自己文化技术特色的高品质、高效能产业区。建设以团结南路为轴线布局的产业区和以高新路为轴线布局的商务、研发、生活区。为了增加企业用地的分割弹性,加大了产业区中道路间隔,同时居住形式由一期居住 200 户的居住小组团转变为居住 1 500~3 000 户的居住小区。

在西安市第三次总体规划中,西高新区规划面积已为 107 km²,其中包括了西安主城区范围内的 80 km²,主城区外 7 km² 的长安通信产业园和 20 km² 的草堂科技产业基地。陕西省后又将西安高新区定位为关-天统筹科技资源改革示范区的核心区。根据《西安高新区发展总体规划(2011 年—2030 年)》,

2011 年 11 月 14 日市政府同意了高新区的扩区请示,扩区控制用地规模为 200 km²。

西安高新区现在已经成为带动西安经济和社会发展的重要地带。建设速度和建设规模也不断增大,据统计,2004 年开工面积 320 万 m²,约占全市总开工面积三分之一,累计开工面积达到 1 520 万 m²,竣工面积约 910 万 m²,基本建设投资已超过300 亿元。截至 2010 年,西安高新技术产业开发区已完成开发45 km²,累计注册企业 15 000 余家,累计转化重大科技成果10 000多项,至 2020 年拟建设用地规模达到 60 km²。高新区道路系统为棋盘式路网格局,在东、西、北方向与太白南路、南二环等城市主干道连接,区内主要道路宽度为 60 m、40 m,次要道路为 30 m、20 m。

目前,高新区全面实施"二次创业"计划和建设中国西部创新科技城的计划。高新区二次创业计划并不是开发面积的扩大,也不仅是经济总量的增长,更重要的是希望通过创新体制,成为西安市知识密集度最高、产业最集中、人居和创业环境最好,以科技产业为特色的新型的现代新区。根据"二次创业"总体方案,"二次创业"的目标是将高新区建设成为最具活力的城市地区之一、最吸引投资、人才和技术的城市地区和可持续发展的城市地区。

在西安高新区内,位于西安市城西的唐城墙遗址为唐代长安城的西城墙,隋长安城始建于公元 582 年,唐代在其基础上进行了修建和扩充,现在地上部分已完全消失,仅探明一部分残存与地下的基址和夯土台。针对唐长安城郭城的格局,西安市于1980—2000 年的总体规划中已经提出在城东郊、西郊和南郊,沿城墙遗址规划"唐城绿带",其规划的思想基本上延续了西安市第一轮总体规划对重大遗址进行避让的思想,用绿化公园的形式保护遗址。"唐城绿带"沿隋唐长安成外郭遗址,规划了宽约 100 m,总长约 17 km 的城市公共绿地。

20 世纪 80 年代初,唐城绿带还远离城市中心区,属于基础设施落后,城市建设尚未全面展开的区域,因此对遗址的建设和利用也没有太多的举措。到了 90 年代,西安市建设进入全面发展阶段,唐城绿带所处区域开发了明德门社区、西安市高新技术产业开发区(简称西安市高新区)和曲江新区,沿遗址两侧新建了大量中、高端住宅区。

西安市高新技术产业开发区内的唐城墙遗址位于高新区的核心地段,其绿化带南北长约 3.7 km,东西宽 120 m 左右,周边建设了中、高端的写字楼与住宅区。此段唐城墙遗址在 2005 年由中科院唐城考古队做了较为全面的考古发掘。是西安唐城墙遗址中唯一进行过完整考古发掘的一段。随后,高新区管委会提出建设遗址公园,遗址公园沿唐延路与沣惠南路沿线建设,南北跨越 7 个大街区,共串联大小住宅街块 20 个,办公街块 20 个,商业街块 4 个,未完成街块 3 个,2006 年高新区内的唐城墙遗址公园建设完成。

4.4.2 城市空间组群的演变

1) 案例的地理边界与时间节点

唐城墙遗址——唐延路片区呈三角形北界为南二环,西界为沣惠南路;东界为高新路;北端是沣惠南路与高新路的交汇点,在科技六路上。沣惠南路与唐延路分别是唐城墙遗址公园的东西边界,遗址公园形成了这两条车行干道的中央绿化带,这两条路分别为从北向南与从南向北的单行道,因此,二者的功能如同城市中的一条超宽双向机动车道。唐延路-沣惠南路是西安高新区一期与二期的分界,同时还连接了一、二、三期的建设用地;而高新路是一期建设的核心,位于一期规划用地的中心位置。这一片区跨越了高新区一、二期建设用地,一方面大部分项目刚刚建设完成,另一方面在近十几年来又一直处在高速发展的状态,城市空间的变化非常明显。同时,该片区内的建筑遗产空间——唐城墙遗址公园,也是在最近的几年内建成的。从一开始无人知晓的荒地,到现在的城市开放公园,建筑遗产空间也经历了显著的变革。城市发展方兴未艾,遗址公园也落成不久,很有必要研究该建筑遗产空间再开发对该片区内城市空间的影响。因此,把以沣惠南路、南二环、高新路为界的城市片区作为案例可以很好地分析出建筑遗产在高速变化的城市空间中所起到的作用。从图 4-34 可见,所选案例片区是一、二期建设用地的核心地带。

西安高新技术产业开发区二次创业总体规划（2003-2020）

(2010-2020)远期建设用地

现状建设用地

远景发展用地

近中期建设用地（2003-2010）

远期建设用地
(2011-2020)

现状建设用地

二次创业备用地

分期建设规划图

中国城市规划设计研究院 西安城市规划设计研究院 2003.11

图 4-34 西安高新区总体规划图
图片来源：西安高新区管委会官方
网站

　　对于时间节点的选取，依然以 2012 年为现状时间节点，历史时间节点则选为 2000 年。虽然，唐城墙遗址公园的建成在 2005 年，但是早在 2002 年之前，该遗址空间就已经开始了清理工作。原先建设在遗址区上面的建筑被陆续拆迁，尽管公园的绿化、景观、道路等建设并没有同时开始，但是建筑遗产空间的格局从 2000 年就开始发生变化了。从历史卫星图片来看，现在唐城墙遗址公园的用地在 2002 年就初具雏形，此后没有发生过重大的变化，而在 2000 年遗址公园的用地还很不明确。可见，建筑遗产空间的历史状态应该以 2000 年为准。此外，就城市发展来说，1997 年西安高新区二期规划带来了高新区建设的全盛时期，就选取的片区来说，从 2000 年开始可以看到明显的空间格局的改变，而以前城市空间的变化则不是很明显。可以说，从 2000 年至今，是该片区空间组群与建筑遗产空间组群共同发生巨变的时期，因此，本案例的历史节点就选取在 2000 年。图 4-35 与图 4-36 分别显示了 2000 年和 2012 年唐城墙遗址——唐延路片区的空间分布。

图 4-35　2000 年唐城墙遗址—唐延路片区
卫星地图
图片来源：google earth

图 4-36　2012 年唐城墙遗址—唐延路片区
卫星地图
图片来源：google earth

2）历史状态分析

首先，将拼合后的卫星地图进行矢量化，生成可供下一步分析的可达空间平面图，如图 4-37 所示，其中白色为可达空间、灰色为唐城墙遗址覆盖区。

第二步，将该矢量图导入 Depthmap，生成轴线图，如图 4-38 所示，并通过该软件计算每条轴线的全局选择度 C_n、局部选择度 C_3、连接度 C_0、全局集成度 R_n、局部集成度 R_3。保持其他量不变，将 C_0 除以空间总数 K 后，得出相应的三级因子：C_n、C_3、C_k（连接度比值）、R_n、R_3，在此空间系统中 $K = 500$。（由 Depthmap 运算生成的空间属性值详表见附录 13）

第三步：为了研究空间组群的属性，先对三级因子求和，然后排除空间组群中数量对空间群属性的干扰，得出可以描述空间群属性的标准值。按照公式 $\sum X / K$ 进一步计算出二级因子——空间群属性标准值：全局选择度标准值 MC_n、局部选择度标准值 MC_3、连接度标准值 MC_k、全局集成度标准值 MR_n、局部集成度标准值 MR_3 如下表：

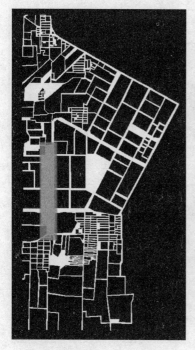 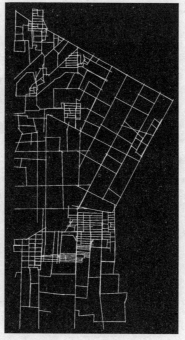

图 4-37　2000 年唐城墙遗址—唐延路片区
可达空间平面图
图片来源：作者自绘

图 4-38　2000 年唐城墙遗址—唐延路片区
轴线示意图
图片来源：作者运用 Depthmap 生成

表 4-27　2000 年唐城墙遗址——唐延路片区空间组群二级因子列表

	MC_n	MC_3	MC_k	MR_n	MR_3
M_1	0.016 719 801	0.025 993 319	0.020 384	1.626 602 924	2.669 686 014

　　第四步，根据一级因子的公式，进一步计算出一级因子：便
捷性 A、特色度 U、安全性 S。

$A=0.2MC_n+0.3MC_k+0.5MR_n$

$U=MR_3/MR_n$（$R^2<0.5$ 时，则将 U 值定义为 0。）

$S=0.3MC_n+0.3MC_3+0.2MC_k-0.2MR_n$

　　计算后得出，A、S 分别约为 0.822 8、-0.308 4。再计算特色
度 U 与理解度 I，如图 4-39、图 4-40 所示。因为 R_3 与 R_n 的决定
系数（拟合度）R^2 为 0.604 6，因此 U 值有效，$U=1.659$ 9。在该空
间组团中 I 为 0.345 1（如图 4-40 所示，决定系数 $R^2=0.345$ 1）。

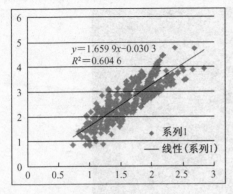

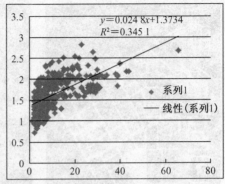

图4-39　空间特色度散点图,$R^2=0.604\,6$
图片来源:作者运用 Excel 自绘

图4-40　空间理解度散点图,$R^2=0.345\,1$
图片来源:作者运用 Excel 自绘

　　将一级因子代入公式 $N=0.4A+0.2I+0.1U+0.3S$,可以得出唐城墙遗址——唐延路片区 2000 年的历史空间整合度 N 约为 $0.471\,6$。

表4-28　2000 年唐城墙遗址——唐延路片区空间组群一级因子与整合度列表

	A	S	U	I	N
F_1	0.822 760 62	−0.308 43	1.659 9	0.345 1	0.471 585

3) 现状分析

　　从 2000 年至 2012 年,唐城墙遗址的建筑遗产空间不断增大,周边的城市空间也发生了很大的变化,从空间形态来看,最为明显的变化是街块面积的增大和路网的规律化。对于该片区的现状作进一步的分析如下:

　　第一步,将拼合后的卫星地图进行矢量化,生成可供下一步分析的可达空间平面,如图 4-41。图中可见原来面积较小的建筑遗产空间已经明确地扩张成为宽阔的带状绿化带,在灰色所表示的遗址公园范围(建筑遗产空间组群)内,全部空间都开放成为城市公园。此外,建筑遗产周边的街道、建筑空间也有了很大的变化,城中村基本消失了,南部密布的小巷被相对笔直的街道取代,单个街块的面积也大大增加了。

　　第二步,将该矢量图导入 Depthmap,生成轴线图,如图 4-42 所示,并通过该软件计算每条轴线的 C_n、C_3、C_O、R_n、R_3,其中将 C_O 除以空间总数 K 后,得出相应的三级因子:C_n、C_3、C_k、R_n、R_3,在此空间系统中 $K=301$。(由 Depthmap 运算生成的空间属性值详表见附录 14)

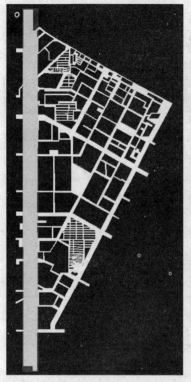 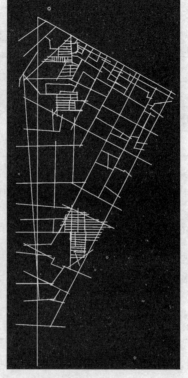

图 4-41   2012 年唐城墙遗址——唐延路片
区可达空间平面图
图片来源:作者自绘

图 4-42   2012 年唐城墙遗址——唐延路片
区轴线示意图
图片来源:作者运用 Depthmap 生成

第三步:按照公式 $M = \sum X/K$ 进一步计算出二级因子空间属性标准值 MC_n、MC_3、MC_k、MR_n、MR_3 如下表:

表 4-29   2012 年唐城墙遗址——唐延路片区空间组群二级因子列表

	MC_n	MC_3	MC_k	MR_n	MR_3
M_2	0.018 073 176	0.015 073 502	0.031 945 951	2.217 302 315	2.827 726 615

第四步:通过 Depthmap 计算一级因子空间理解度 I 和特色度 U,如图 4-43、图 4-44 所示,在该空间组团中 I 为 0.456 5 (如图 4-44 所示,$R^2 = 0.456\ 5$),$U = 1.088$,全局集成度与局部集成度的决定系数 $R^2 = 0.616\ 5$,故 U 值有效。

再根据二级因子和相关公式,进一步计算出一级因子:A、S 分别约为 1.121 8、-0.427 1。

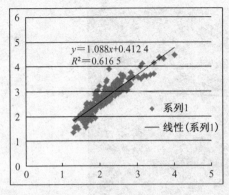
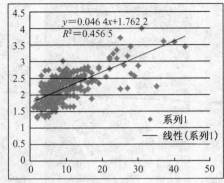

图4-43 空间特色度散点图 $R^2 = 0.615\,1$
图片来源：作者运用 Excel 自绘

图4-44 空间理解度散点图 $R^2 = 0.456\,5$
图片来源：作者运用 Excel 自绘

将一级因子代入公式 $N = 0.4A + 0.2I + 0.1U + 0.3S$，可以得出大明宫片区 2012 年的现状空间整合度 N 约为 $0.520\,7$。

表4-30 2012年唐城墙遗址——唐延路片区空间组群一级因子与整合度列表

	A	S	U	I	N
F_2	1.121 849 58	−0.427 13	1.088	0.456 5	0.520 702

4）纵向比较分析

将该片区的历史空间属性标准值与现状空间属性标准值进行比较如下：

表4-31 片区空间组群二级因子历史、现状对照表

	MC_n	MC_3	MC_k	MR_n	MR_3
M_1	0.016 719 801	0.025 993 319	0.020 384	1.626 602 924	2.669 686 014
M_2	0.018 073 176	0.015 073 502	0.031 945 951	2.217 302 315	2.827 726 615
a_m	0.001 353 375	−0.010 919 817	0.011 561 951	0.590 699 392	0.158 040 601

空间属性标准值的变化反映出唐城墙遗址——唐延路片区空间形态的改变。首先全局选择度 MC_n 有轻微的升高，但并不明显，与此同时局部选择度却下降了。前者可能是由于一些主干道如高新路、唐延路的全线贯通所导致的；而后者的下降则显然是由于原来狭窄的小街巷所形成的密集型路网消失，而被相对宽大的方格路网取代所导致的。

连接度标准值也有所提升，这是由于原来一些尽端路被贯通，并且建设了一些连接次要道路的主干道，道路的等级划分明

确且相互连通而产生的。连接度标准值提升的幅度与历史数值相比不算小，因此，从出行的便捷性来说，交通效率无疑是大大提高了。

综合考虑全局选择度、局部选择度和连接度标准值的变化，说明在片区内不太可能依靠空间自组织规律出现人流在街道上聚集、产生街道生活的可能性。同时，由于道路连接性好，便捷的交通肯定会吸引更多的人口选择机动车出行，就目前的现状来看，高新区在上下班高峰期的确会出现时段性的车辆拥堵现象，在其他时间唐延路与沣惠南路上的车辆时速普遍较高。

全局集成度标准值提高的幅度较大，相比较来说，局部集成度标准值的提高则不那么明显。片区内单元空间全局集成度的提升依然可以从另一个侧面说明在整个片区空间组团内交通便捷性有所提升。但是局部集成度提升的幅度不及全局集成度大，这一定会影响特色度的变化。从空间布局来说，这两个值的变化趋势说明该片区内的单元空间向着匀质化的趋势演进。原先疏密相间的格局被均匀的布局所替代，片区空间内出现局部节点或者局部街道人气格外旺盛的可能性变低了。

总体来说，通过二级因子的变化，我们不难发现对于唐城墙遗址——唐延路片区来说，空间的变化主要发生在两个方面，一是大尺度的空间路网上；二是空间分布的密度上。这两者有时是相互关联的，由于规划中需要建设大型街块，因此道路网的疏通和干道的建设是必需的；同时，由于路网的贯通使得街道分布方式在全区范围内呈现同一性，这自然进一步引起了空间从各地段疏密不均向匀质分布演变。基于这些变化，片区的整体交通效率提高了，但街道生活出现的可能性则被抑制了，"交通"会成为大部分道路承载的唯一功能，行人相对不会愿意选择在道路上步行，这也正是西安高新区目前的实际情况，图 4-45 正反映了这一现状。

图 4-45 唐延路宽阔的街道与寥落的行人
图片来源：作者自摄

表 4-32　片区空间组群一级因子与整合度历史、现状对照表

	A	S	U	I	N
F_1	0.822 760 622	−0.308 429 8	1.659 9	0.345 1	0.471 585 3
F_2	1.121 849 578	−0.427 127 3	1.088	0.456 5	0.520 701 7
a_f	0.299 088 956	−0.118 697 4	−0.571 9	0.111 4	0.049 116 4

　　基于这些二级因子的变化,片区空间组群的一级因子也相应发生了改变。其中便捷性和理解度都有所提高,这显然和道路关系的改善有关,不过特色度却大大下降了,安全性也有所减弱。

　　其中,理解度虽然有所升高,但数值依然没有超过 0.5,因此该区域的理解度还是处在较低的水平。而通过西安市城市意象调研,高新区也是市民普遍认为容易迷路的城市片区。

　　在空间关系的改变下,唐城墙遗址——唐延路片区的空间整合度略有提升,但提升的幅度非常有限。

4.4.3　建筑遗产空间组群的演变

　　唐城墙遗址虽然已经完全没有地上遗存了,但基于考古所探明的地下遗址面积依然很大。而且这一建筑遗产并不是从始至终保持着同样的空间形态,从十年前面积不大的一片绿地,到现在南北横贯 17 km 的城市公园,唐城墙遗址空间发生了重大的转变,因此,十分有必要对建筑遗产空间组群本身的变化加以考察。

　　采用与前文相同的计算方法,计算出建筑遗产空间组群在历史上和现状的属性标准值,然后进行纵向比较,比较数据如下:

表 4-33　建筑遗产空间组群二级因子历史、现状对照表

	MC_n	MC_3	MC_k	MR_n	MR_3
M_{y1}	0.045 786 352	0.023 259 349	0.036 380 952	2.133 055 476	3.393 083 49
M_{y2}	0.047 340 341	0.017 630 731	0.033 444 816	2.638 752 589	3.096 244 736
a_{my}	0.001 553 989	−0.005 628 618	−0.002 936 136	0.505 697 113	−0.296 838 755

　　从表中的数据可以看出,与城市片区空间组群不同,全局选

择度标准值 MC_n 和全局集成度标准值 MR_n 有所上升,不过 MC_n 的上升幅度非常小几乎可以忽略。而其余三个二级因子都有所下降,且下降幅度除了连接度标准值外,都比较明显。在城市空间组群的关系属性发生变化的同时,建筑遗产空间组群也发生了显著的变化,这些变化虽然与城市片区的变化不尽相同,但却有着密切的影响关系。

进一步分析一级因子的变化。数据如下表所示:

表 4-34 建筑遗产空间组群一级因子与整合度历史、现状对照表

	A	S	U	I	N
F_{y1}	1. 086 599 29	−0. 398 62	1. 850 6	0. 474 8	0. 595 073
F_{y2}	1. 338 877 81	−0. 501 57	1. 044 6	0. 786	0. 646 74
a_{fy}	0. 252 278 514	−0. 102 949	−0. 806	0. 311 2	0. 051 666 7

从一级因子历史数值与现状数值的比较来看,便捷性和理解度提高了,但安全性和特色度却下降了,整合度略有提升。便捷性和理解度升高的幅度很大,这与周边城市路网的改变有着必然的联系。特色度下降的幅度也相当大,但安全性的下降幅度并不明显,因此综合之后整合度依然略有提升。这些变化综合起来,说明该建筑遗产空间组群的交通条件有相当幅度的优化,道路通达且不容易迷失方向,但是安全性和特色度的降低却容易使这里变成特殊时段(例如,节假日无人上下班的时候,或者是晚上)的城市灰空间,且难以形成有特色的场所。

该部分计算数据详见附录 15、16

4.4.4 建筑遗产空间组群对城市空间组群的静态影响

1) 遗产空间群的历史影响

为了更直观地体现建筑遗产空间组群,在各空间属性上对片区空间组群的作用,我们可以通过散点图来进行分析。

在散点图中,可以直观地看出不同时间节点中遗产空间群的属性在整个片区空间群属性中的位置。在下列散点图中每一个点代表一条空间轴线,X 轴为空间轴线的编号,Y 轴为某项空间属性,通过点位置的高低可以看出该轴线的属性值的大小。大"×"为建筑遗产空间中的轴线,小"×"为片区中其他空间轴

线。如果大"×"的位置普遍在 Y 坐标较高的地方,则说明建筑遗产空间在该项上的值普遍较大。因为片区空间属性标准值的计算,是包含了建筑遗产空间中各轴线属性数值的,因此建筑遗产空间中轴线属性值普遍较高,会对片区空间属性标准值有着增大的影响。

　　第一组图为唐城墙遗址——唐延路片区在 2000 年的散点图:

图 4-46a　全局选择度散点图
图片来源:作者运用 Depthmap 生成

图 4-46b　局部选择度散点图
图片来源:作者运用 Depthmap 生成

图 4-46c　连接度散点图
图片来源:作者运用 Depthamp 生成

图 4-46d　全局集成度散点图
图片来源:作者运用 Depthmap 生成

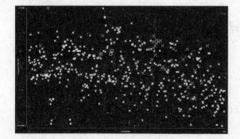

图 4-46e　局部集成度散点图
图片来源:作者运用 Depthmap 生成

　　从以上各图可以看出,在全局选择度、连接度、全局集成度和局部集成度散点图中,代表建筑遗产空间轴线的大" * "标记点普遍位于较高的位置上,因此建筑遗产在这几项空间属性值上应该起到了增大标准值的作用。在局部选择度散点图中,大"＊"标记点的位置较为居中,和小"＊"标记点比较均匀地混合分布,因此遗产空间对这项标准值的影响可能不很明显。

　　2)遗产空间群目前的影响

　　第二组图为唐城墙遗址——唐延路片区在 2012 年的散点图:

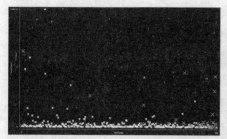 

图 4-47a　全局选择度散点图　　　　　　图 4-47b　局部选择度散点图
图片来源:作者运用 Depthmap 生成　　　图片来源:作者运用 Depthmap 生成

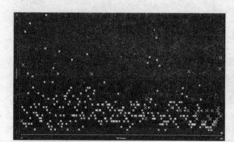 

图 4-47c　连接度散点图　　　　　　　　图 4-47d　全局集成度散点图
图片来源:作者运用 Depthamp 生成　　　图片来源:作者运用 Depthmap 生成

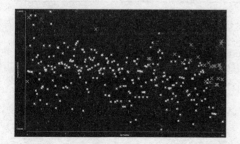

图 4-47e　局部集成度散点图
图片来源:作者运用 Depthmap 生成

　　从以上各散点图中看出,到了 2012 年建筑遗产空间组群的特性与片区空间组群的特性比历史上要接近得多。大部分散点图中的大"＊"标记点都位于居中的位置，或者和小"＊"标记点均匀分布在一起。相比较而言，在全局选择度和全局集成度散点图中，大"＊"标记点分布靠上，建筑遗产空间组群可能会在这两项属性值上对片区的属性值有着提升的作用。

3）静态影响度的量化分析

为了进一步准确地评估建筑遗产空间组群对其所处城市片区空间组群的影响，需要将这些影响量化。通过二者的空间属性标准值的差 d，可以判断建筑遗产空间的影响作用趋向，用标准值差的绝对值除以城市片区空间属性标准值再乘以 100%，可以计算出其影响度 i，以判断其影响的大小。具体数值见下表：

表 4-35　片区与遗产空间组群二级因子影响对照表

	MC_n	MC_3	MC_k	MR_n	MR_3
M_1	0. 016 719 801	0. 025 993 319	0. 020 384	1. 626 602 924	2. 669 686 014
M_{y1}	0. 045 786 352	0. 023 259 349	0. 036 380 952	2. 133 055 476	3. 393 083 49
d_{m1}	0. 029 066 551	−0. 002 733 97	0. 015 996 952	0. 506 452 553	0. 723 397 477
i_{m1}	173. 845 073 6%	10. 517 970 3%	78. 477 984 6%	31. 135 598 3%	27. 096 725%
M_2	0. 018 073 176	0. 015 073 502	0. 031 945 951	2. 217 302 315	2. 827 726 615
M_{y2}	0. 047 340 341	0. 017 630 731	0. 033 444 816	2. 638 752 589	3. 096 244 736
d_{m2}	0. 029 267 165	0. 002 557 229	0. 001 498 865	0. 421 450 274	0. 268 518 12
i_{m2}	161. 937 033 6%	16. 965 063 8%	4. 691 876 8%	19. 007 343 8%	9. 495 901%

表中 M_1、M_{y1} 分别表示历史上片区空间组群属性标准值和建筑遗产空间组群属性标准值，d_{m1}、i_{m1} 分别表示建筑遗产对片区空间组群的历史属性标准值差和历史影响度。M_2、M_{y2} 分别表示现在片区空间组群属性标准值和建筑遗产空间组群属性标准值，d_{m2}、i_{m2} 分别表示建筑遗产对片区空间组群的现状属性标准值差和现状影响度。

在 2002 年，建筑遗产的 MC_n 的影响度为 174%，且为正向影响，对片区的全局选择度起到明显的提升作用；MC_3 的影响度为 11%，与 MC_n 相反是负向影响，建筑遗产的局部选择度略低于片区，说明在遗产空间范围内不容易形成特色节点，就目前实际情况来看,唐城墙遗址人际寥落的情况可算是一个印证。

MC_k 的影响度为 78%,也是正向影响,提高了片区连接度的整体水平。其余 MR_n、MR_3 的影响度分别为 31%、27%,也均为正向影响。

到了 2012 年,建筑遗产的空间属性标准值全面高于片区空间组群。就影响幅度来看,MC_n 的影响度为 161%;MC_3 的影响度为 17%,但影响趋势转变为正向;MC_k 的影响度为 5%;其余 MR_n、MR_3 的影响度分别为 19% 和 9%。可以看出,现状建筑遗产空间组群的作用和历史数值相比较明显下降了,除了全局选择度标准值依然保持着高影响度以外,其余的影响度值都很低。这说明建筑遗产空间组群与片区空间组群之间的差异虽然在历史上很大,但现在却有着缩小的趋势。

接下来分析对于一级因子和整合度的影响趋向和影响度。用建筑遗产空间组群的一级因子数值减去片区空间组群的一级因子数值,得到因子值差 d。取因子值差的绝对值后除以片区因子数值的绝对值,得到影响度 i。具体数值见下表:

表 4-36　片区与遗产空间组群一级因子与整合度影响对照表

	A	S	U	I	N
F_1	0.822 760 622	−0.308 429 8	1.659 9	0.345 1	0.471 585 3
F_{y1}	1.086 599 294	−0.398 621 2	1.850 6	0.474 8	0.595 073 4
d_{f1}	0.263 838 672	−0.090 191 3	0.190 7	0.129 7	0.123 488 1
i_{f1}	32.067 489%	29.242 09%	11.488 64%	37.583 31%	26.185 73%
F_2	1.121 849 578	−0.427 127 3	1.088	0.456 5	0.520 701 7
F_{y2}	1.338 877 808	−0.501 570 2	1.044 6	0.786	0.646 740 1
d_{f2}	0.217 028 229	−0.074 443	−0.043 4	0.329 5	0.126 038 4
i_{f2}	19.345 573%	17.428 75%	3.988 97%	72.179 63%	24.205 49%

表中 F_1、F_{y1} 分别表示历史上片区空间组群一级因子和建筑遗产空间组群一级因子,d_{f1}、i_{f1} 分别表示建筑遗产对片区空间组群的历史因子值差和历史影响度。F_{y2}、F_2 分别表示现在片区空间组群一级因子和建筑遗产空间组群一级因子,d_{f2}、i_{f2} 分别表示建筑遗产对片区空间组群的现状因子值差和现状影

响度。

从上表可以看出,在 2000 年建筑遗产空间组群对整个片区的拉动作用总体上呈良性状态。二者的因子值差除安全性外各项均为正,也就是说在几乎所有的一级因子和总体的整合度上,建筑遗产空间对片区都起到了提升的作用。因子中,以理解度的带动作用最为明显,影响度值约为 38%,其次为便捷性,其影响度值约为 32%;对特色度的影响较轻微,影响度仅为 11%。对于安全性的恶性影响度也不大,约为 29%。几项综合下来,对整合度的良性影响度大约达到 26%。

到了 2012 年,各项因子的影响度都有所变化,且原本是良性影响的特色度也出现了恶性影响的状况。目前,建筑遗产对于片区空间组群的便捷性依然有提高的作用,但影响度下滑至 19%;对于安全度产生的不良影响,影响度下降至 17%;对于特色度的影响转变为恶性,但影响度不大,仅为 4%。影响度唯一上升的是理解度,良性影响的作用大幅度上升至 72%。总体来说,目前建筑遗产空间组群对片区空间组群的整合度影响与历史状态相同,依然是良性的,但由于安全度和特色度的影响,整体影响度下降至 24%。

4.4.5 建筑遗产空间组群对城市空间组群的动态影响与量化分析

除了分析建筑遗产空间组群与片区空间组群在两个时间节点上的静态影响关系以外,为了进一步弄清楚二者的动态发展趋势,还需进行二者在各方面的动态影响比较。

首先比较二者的二级因子动态演化趋势,下表列出了唐城墙遗址——唐延路片区空间组群和建筑遗产空间组群的二级因子与一级因子在 2000 年到 2012 年的增幅,增幅的绝对值大小说明了空间组群的变化幅度,正负说明了变化取向。用遗产空间属性增幅的绝对值减去片区空间属性增幅的绝对值,则可以体现二者的幅度差,如果为正则说明遗产空间组群属性的变化幅度大于片区空间组群的属性变化幅度,若为负,则相反。表中 a_m、a_{my} 分别表示片区空间组群在各项二级因子上的增幅,以及建筑遗产空间组群在各项二级因子上的增幅;d_m、i_m 分别表示建

筑遗产空间组群的因子增幅与片区增幅之间的绝对值差，以及
建筑遗产对片区的动态影响度。

表 4-37　二级因子增幅比较

	MC_n	MC_3	MC_k	MR_n	MR_3
a_m	0. 001 353 375	−0. 010 919 817	0. 011 561 951	0. 590 699 392	0. 158 040 601
a_{my}	0. 001 553 989	−0. 005 628 618	−0. 002 936 136	0. 505 697 113	−0. 296 838 755
d_m	0. 000 200 615	−0. 005 291 199	−0. 008 625 815	−0. 085 002 279	0. 138 798 153
i_m	14. 823 280 7%	48. 455 013 6%	74. 605 183 6%	14. 390 107 7%	87. 824 364 2%

从上表可见，除了全局选择度标准值 MC_n 和局部集成度
MR_3 之外，其他所有二级因子的增幅绝对值差均为负，这说明除
了 MC_n、MR_3 之外，建筑遗产空间组群在其他所有因子上的变
化幅度都小于片区空间组群的变化。

具体来说，在全局选择度标准值 MC_n 上的演变，二者均为
升高，但建筑遗产空间的升高速度要快于片区整体的速度，因此
起到了加速的作用。其影响度也相当高，约为 15%。

对局部选择度标准值 MC_3 来说，二者的变化趋势都是下
降，不过建筑遗产的下降速度要慢于片区，影响度约为 48%。

对连接度标准值 MC_k 来说，片区的变化是增高，而遗产空
间组群在该值上的变化却是降低，不过降低的速度慢于片区空
间组群在该值上升高的速度，因此从作用来说是滞后了整个片
区的变化，影响度约为 75%。

片区和建筑遗产空间组群的 MR_n 值在近十年都有所提高，
不过建筑遗产的速度稍慢，滞后的影响度约为 14%。

片区和建筑遗产空间组群在 MR_3 上的变化与 MC_k 一样，前
者升高后者下降。但建筑遗产下降的速度快得多，i 值约
为 87%。

用同样的方法比较一级因子的动态变化，如下表。

表中 a_f、a_{fy} 分别表示片区空间组群在各项一级因子上的增
幅，以及建筑遗产空间组群在各项一级因子上的增幅；d_f、i_f 分
别表示建筑遗产空间组群的因子增幅与片区增幅之间的绝对值
差，以及建筑遗产对片区的动态影响度。

表 4-38　一级因子增幅比较

	A	S	U	I	N
a_f	0. 299 088 956	−0. 118 697 4	−0. 571 9	0. 111 4	0. 049 116 4
a_{fy}	0. 252 278 514	−0. 102 949	−0. 806	0. 311 2	0. 051 666 7
d_f	−0. 046 810 443	−0. 015 748	0. 234 1	0. 199 8	0. 002 550 3
i_f	15. 651 010 1％	13. 267 67％	40. 933 73％	179. 353 68％	5. 192 44％

从上表可见,所有一级因子的变化幅度与趋势都不尽相同。

从便捷性来看,片区和建筑遗产空间组群在便捷性上都有所提高,不过片区的提高幅度很大,而建筑遗产的提高幅度则相对较小,因此对整体的便捷性起到了恶性的抑制作用,其影响度值约为 16％。

对安全度来说,片区和建筑遗产空间组群的安全性都有所下降,不过遗产的下降速度慢于片区,还可算作是良性动态影响,影响度约为 13％。

对特色度来说,二者均有所下降。从增幅绝对值差可以看出,建筑遗产空间组群的下降速度又高于片区,结果对片区的特色度下降又起到了恶性的加速作用,其影响度约为 41％。

片区和建筑遗产空间组群的理解度都有所提升。在这个因子上,建筑遗产的提升速度高于片区,因此,建筑遗产终于在理解度上对片区产生了良性作用。而且作用很大,影响度约为 179％。

基于所有因子的变化,整合度也受到了影响。片区空间的整合度有所提升,而建筑遗产空间的整合度提高速度略高于片区,这说明建筑遗产最终还是在空间整合度上对片区产生了一定的良性影响,但影响度十分有限,约为 5％。

4.4.6　小结

综合以上各项分析,我们会发现,就 2000 年唐城墙建筑遗产空间组群对其所处城市片区的空间组群的静态影响关系来说,便捷性 A、特色度 U、理解度 I 为良性影响,而安全性 S 为恶性影响。各项的影响度值都不是非常高,综合之后对整体的空间整合度依然起到了很好的良性带动作用。

　　到了 2012 年,唐城墙建筑遗产空间组群对便捷性 A 和理解度 I 依然保持着良性影响,但前者影响度有所下降,而后者影响度则有所升高;对特色度 U 和安全性 S 的影响变成了恶性的,好在影响度不高。总体来说,建筑遗产空间组群对所处城市片区的整合度静态影响依然为良性,但影响力度有所降低。

　　从动态关系来看,便捷性 A 和特色度 U 的动态影响均为恶性,而安全性 S 与理解度则呈现了良性影响。建筑遗产空间组群总体上的优化速度略微高于片区的优化速度,二者最终的空间整合度的动态关系呈微弱的良性走向。

　　由此可见,尽管唐城墙遗址公园对所处城市空间组群的整合度在静态关系上有明显提升,但动态作用却并不太明显。

第 5 章

西安建筑遗产空间组群的
属性特征与优化模拟

通过前一章的研究,我们会发现虽然分布在城市不同片区中的建筑遗产空间组群各有各的特点,与其所处周边城市空间的静态、动态关系在具体的数据上也呈现出不同的特征,但是它们还是具有一定的普遍规律的。在这一部分,我们对前面进行总结,梳理建筑遗产空间组群在其所处的城市片区中,与周围的城市空间相比较普遍具备哪些空间上的特殊性,以及这些特殊性产生的原因。

5.1 案例片区城市空间组群的属性特征

5.1.1 二级因子演变特征

在前一章中,针对三个案例都进行了片区空间属性标准值在时间轴上的纵向演变比较。其变化规律可以总结列表如下:

表 5-1 案例片区空间组群二级因子变化表

片区空间组群属性标准值	大雁塔、曲江池片区	大明宫片区	唐延路片区
MC_n	减小	减小	增大
MC_3	减小	减小	减小
MC_k	增大	增大	增大
MR_n	增大	增大	增大
MR_3	增大	增大	增大

从表中可以看出,除了全局集成度标准值之外,其他四个空间组群属性标准值的变化趋势是完全相同的。三个案例片区的局部选择度标准值都减小了,而连接度标准值、全局集成度和局部集成度标准值都增大了。

西安市对于新的城市区域的建设,以道路建设为先,且以主干道的建设为重点,因此对于近些年开发的城市新区来说,最显

著的变化就是路网的变化。基于主要路网的建设,城市新建成区的空间从形态来看往往有以下两个特点:

第一,空间尺度变大。相比较原来自然形成的,分布不均的小空间组团,重新规划建设的城市空间尺度明显增大。尽管以原有的主要道路为依据,但是细小的街巷和尽端路基本被取缔了。道路与道路间的跨度增大,一个街块的尺度要比开发前普遍增大 2~3 倍。

第二,道路宽度与长度增加。新建成的城市开发区的街道通常都笔直而宽阔,尽可能与西安市核心区的道路布局相接近。但因为没有建筑的限制,因此街道更宽,有时会出现超宽的尺度,不利于行人的通过。但是街道长度的增加,显然也增加了街道间相交的机会,会提高连接度的数值,并有利于交通的便利。

这两个特征导致了片区空间组群中空间单元的连接度、全局集成度与局部集成度的普遍升高。但是另一方面,却不一定能够增大选择度数值。过于明晰的网格化道路系统,提供了点对点的便利路径,但同时会遏制路径间交叉或重叠的可能性,这种可能性正是通过选择度的数值来体现的。

因此,大体上来说,西安市新建成城市片区的空间形态的特点导致了其空间关系的特殊性,这种特殊性又通过空间组群属性标准值的数值变化反映出来。当这种空间关系的特征表现为社会现象时,则意味着在片区内,有目的的交通更加便利,人流更容易有目标的集中在片区内,但是汇聚的路径却不大容易重合或相交。片区内的人流保有量会有所提高,但他们更可能平均地分布在各条街道上,并且仅仅是穿过街道,而难以在街道上停留下来。

5.1.2 一级因子演变特征

三个案例片区在一级因子上的变化更是惊人的相似。如下表所示,三个片区的便捷性 A、理解度 I 都提高了,而安全性 S 与特色度 U 都降低了。综合之后,片区空间组群的整合度 N 也有所提高。

表 5-2　案例片区空间组群二级因子变化表

片区空间组群 一级因子	大雁塔、曲江池片区	大明宫片区	唐延路片区
A	提高	提高	提高
S	降低	降低	降低
U	降低	降低	降低
I	提高	提高	提高
N	提高	提高	提高

便捷性的提高说明道路规划在交通运输方面获得了成功。理解度的提高则意味着片区内局部的空间关系与整体的空间关系更为接近,人们更容易通过局部信息获得正确的全局认知。不过,即便在理解度提高之后,三个案例片区的理解度数值依然低于西安市的整体水平,尤其是大雁塔、曲江池片区和唐城墙遗址——唐延路片区。

安全度和特色度的降低是非常令人失望的。安全度的下降会严重影响人们定居在该区域的意愿。实际上,这一特征在唐延路片区建成之初尤为明显,下班高峰期过后一直到凌晨,这里都是抢劫案的高发地。政府不得不投入大量的警力来维持治安。而目前,大明宫片区则是令警方随时集中注意力的区域。尽管安全性问题目前尚未爆发严重的后果,但它始终是一个隐患。一旦经济衰退,或者房地产业萧条,很难说这三个片区不会成为城市的灰色地带。在这一地区形成特色场所,原本是新建区最令政府重视的建设目标。但事与愿违,就目前来看,数据与实际状况一致显示出特色度的下降。这三个片区很难说比西安城市的其他区域更容易产生区域特征,这里的特征并不指建筑、景观的人为装饰,而是指地区氛围、区域文化或者社区独特性的产生。遗憾的是,这些被政府大力装扮,依托建筑遗产进行宣传和建设的片区,还远远不如老城区内那些市民自发形成的小街区更具备社区特色。

尽管,片区的空间整合度最终都有所提高,但应该清醒地认识到,这一提高主要建立在交通的改良上,应该说尚有很大的优化余地。对于安全性、特色度和理解度,这些片区也都还有进一步优化的必要。

5.2 案例片区建筑遗产空间组群的属性特征

5.2.1 二级因子演变特征

如前所述,这些案例片区的核心空间都是建筑遗产空间,因此对建筑遗产空间组群的特征作进一步的总结。

表 5-3 建筑遗产空间组群二级因子变化表

建筑遗产空间组群属性标准值	大雁塔、曲江池片区	大明宫片区	唐延路片区
MC_n	减小	减小	增大
MC_3	减小	减小	减小
MC_k	增大	增大	减小
MR_n	增大	增大	增大
MR_3	增大	增大	减小

从二级因子的演变趋势来看,三个片区内的建筑遗产空间组群的局部选择度标准值一致下降了,全局集成度标准值均有所增大,其他几项标准值的变化趋势不一。MC_3 的减小与 MR_n 的增大与片区的变化趋势是一样的。而唐城墙遗址公园(唐延路段)连接度标准值并没有随片区一起增大,是由于该片区的建设与其他几处遗址公园不同,它没有形成路网,与历史状态相比,道路的数量大大减少了,因此在连接度上并没有优势。

城市新建城区在重要建筑周围往往建设环道,这一点在建筑遗产区域尤其明显。一方面,新建区的道路受建筑或其他因素的影响较少;另一方面,政府往往希望借助新区内的建筑遗产来提高新区的文化影响力,从而带动经济发展,因此经常在建筑遗产的周围建设更便利的道路关系,希望借此提升建筑遗产的交通吸引力。例如,在大雁塔、唐城墙遗址、曲江池遗址和大明宫遗址四周都形成了宽阔的环道,甚至某些路段要求单方向通过。这一举措可以提高建筑遗产空间的全局集成度,但却不见得能够提高建筑遗产空间的局部集成度和选择度。局部集成度的提高主要依靠与遗产拓扑步数相距 3 步以内的空间之间的关系;而选择度则要求遗产空间更多地与人们选择的"最短路径"相重叠或者相交。

全局集成度和连接度增高,说明建筑遗产空间在大范围内提供了可被到达的便利交通。而全局和局部选择度的减小,则说明与历史状态相比,如果人们不是特意去观赏建筑遗产,现在就很少有人会路过那里。

5.2.2 一级因子演变特征

三处建筑遗产空间组团在一级因子上的变化趋势完全一致。

表 5-4 建筑遗产空间组群一级因子及整合度变化表

建筑遗产空间组群一级因子	大雁塔、曲江池片区	大明宫片区	唐延路片区
A	提高	提高	提高
S	降低	降低	降低
U	降低	降低	降低
I	提高	提高	提高
N	降低	提高	降低

如表 5-4 所示,所有建筑遗产空间组群的便捷性与理解度都提高了;而安全性与特色度都降低了,这一变化趋势与整个片区的变化趋势也是完全相同的。所说明的问题也与前面的描述一致。

尽管由于一级因子的变化幅度不同,而导致了整合度在某些遗产空间内增高,在某些遗产空间内降低。但总体来说,提高建筑遗产空间组团的安全性、特色度和理解性是十分必要的。毕竟,这些建筑遗产空间是片区空间的核心,它们的品质是片区空间的代表。

5.3　建筑遗产空间组群与城市空间组群静态关系特征

5.3.1　二级因子关系特征

　　表5-5总结了建筑遗产空间组群在目前对片区空间组群在各项二级因子上的影响趋势,以及前者对后者的影响从历史到现在的影响度变化。

表5-5　建筑遗产空间组群对片区空间组群的二级因子的影响变化

	大雁塔、曲江池片区		大明宫片区		唐延路片区	
	目前的影响趋势	影响度的变化	目前的影响趋势	影响度的变化	目前的影响趋势	影响度的变化
MC_n	拉高	减弱	拉高	减弱	拉高	减弱
MC_3	拉低	减弱	拉低	减弱	拉高	增强
MC_k	拉高	减弱	拉高	减弱	拉高	减弱
MR_n	拉高	减弱	拉高	减弱	拉高	减弱
MR_3	拉高	减弱	拉高	减弱	拉高	减弱

　　首先,通过比较建筑遗产空间组群与片区空间组群的二级因子,可以得出一个比较具有普遍性的结论——建筑遗产空间组群在整个片区中在全局选择度、连接度、全局集成度和局部集成度上都有拉高的影响趋势,而对局部集成度的静态影响则不完全相同。此外,各项因子目前的影响度与历史相比则几乎全部降低了。这一特征产生的原因如下:

　　第一,建筑遗产空间组群在片区空间组群中有着全局选择度上的优势,这是由于道路关系所导致的。相比较而言,这几处建筑遗产的面积都较大,周边的道路也都相对较长,而且位于片区的核心枢纽位置,因此在整个片区内任意两点间穿行时,相比较其他空间,建筑遗产空间更容易被经过。但局部选择度却没有这样的优势,这表明在小范围内,建筑遗产空间并不格外容易被穿越。

第二,西安的建筑遗产的地上部分通常来说遗存量都很小,而位于地下的埋藏部分却面积较大,这导致了建筑遗产空间的建筑密度相比周边要低得多。从视觉角度来看,建筑遗产空间就像是钢筋混凝土森林中的一湾湖泊,成为城市空间中少有的一片视野开阔的区域。再加上为了保护遗产风貌,建筑遗产的周边建筑在密度和高度上也会有所限制,因此这种开阔的特征还会自内向外有所扩散。此外,在进行城市建设时,考虑到建筑遗产可能带来的经济效益,人们也更倾向于为其建设更加便利的交通以引导居民和游客前来观赏建筑遗产。因此,建筑周围的街道更多的与次要或者主要街道相连,建筑遗产空间组群会出现连接度高的特性,就是一定的了。

第三,由于集成度是由深度值计算出来的,而深度指的是空间单元的拓扑深度,这与空间单元所处的位置和它与周边空间单元的连接方式有关。通常来说,建筑遗产开阔的空间形态会导致它与更多的空间单元直接相连;另一方面,人们倾向于凭借建筑遗产空间的吸引力建设较为重要的城市道路,这些道路更加直接地联系着众多空间单元。这两点导致了建筑遗产空间组群中的空间单元的拓扑深度较低(也就是说,在空间组群的全局或者局部范围内,到达建筑遗产空间单元的拓扑步数较少),从而使得建筑遗产空间组群内的空间轴线呈现出拓扑深度值较低的特征。因此建筑遗产空间组群的集成度标准值高,更加直观地反映了一个现象,即建筑遗产空间组群位于空间系统中较容易到达的位置上。

第四,建筑遗产空间组群的这些特征在历史上较为明显,而在现在逐渐模糊是由两方面造成的。一方面,随着建筑遗产开发再利用的兴起,人们开始在建筑遗产空间内建设新的建筑,而不再像以往那样仅仅是将用地封闭起来,这使得建筑遗产空间组群的空间分布与城市空间分布有所接近。另一方面,则是因为这些建筑遗产所处的城市片区在历史上未经开发,往往由空间密度非常大的自然村构成。而经过城市发展,这些片区的城市空间同样被规划建设为空间单元尺度较大的组群,周边空间与建筑遗产空间之间的差异缩小了,因而也使得建筑遗产空间的特征不那么明显。

5.3.2 一级因子关系特征

建筑遗产空间组群与片区空间组群的一级因子关系总结如下表：

表 5-6 建筑遗产空间组群对片区空间组群一级因子的影响变化

	大雁塔、曲江池片区		大明宫片区		唐延路片区	
	目前的影响趋势	影响度的变化	目前的影响趋势	影响度的变化	目前的影响趋势	影响度的变化
A	拉高	减弱	拉高	减弱	拉高	减弱
S	拉低	减弱	拉低	减弱	拉低	减弱
U	拉低	减弱	拉低	减弱	拉低	减弱
I	拉高	减弱	拉高	减弱	拉高	减弱
N	拉高	减弱	拉高	减弱	拉高	减弱

在目前，建筑遗产空间组群的安全性低于片区安全性是由几个方面造成的。首先建筑遗产空间组群的全局集成度标准值大都远高于片区空间组群的集成度标准值，而集成度是安全性的负向影响因子，所以对建筑遗产空间的安全性产生了明显的降低作用。其次，作为正向因子的连接度标准值，建筑遗产空间组群在此项上尽管有一定的优势，但优势并不明显，对安全性的升高作用有限。最后，就其他对安全性产生作用的影响因子来说，建筑遗产并没有明显的特殊性，这就造成了建筑遗产空间组群的安全性最终低于城市片区空间组群的结果。

安全性的降低，容易使城市空间变成消极地带，建筑遗产空间组群由于其功能上的限制，经常出现时段性的人流聚集和消失，因此对于建筑遗产空间组群来说，如果空间关系本身不利于安全性的提高，就更容易在人流稀少的时候形成城市消极区，这一问题必须加以解决。

建筑遗产空间组群原本应该是城市空间中最具有特色的空间，但事实上，就空间关系来说，目前西安的建筑遗产空间组群其特色度反而低于片区空间组群特色度。为何会出现这一现象呢？如前所述，特色度是由全局集成度和局部集成度共同作用产生的,当二者有着良好的线性回归(目前来看,西安市内的建筑遗产空间组群在这一点上都没有出现问题),局部集成度越高于全局集成度则该空间越容易形成特色。而目前,建筑遗产空间组群的全局集成度都相当高,而局部集成度却并不额外突出(原因是由于在片区空间组群中,建筑遗产空间的全局深度明显偏低,而局部深度居中),这造成了在建筑遗产空间组群内,特色空间反而不容易形成。

建筑遗产空间是目前西安市政府花大力打造的城市空间,希望能够成为西安城市中最具特色的文化场所,而实际上这一愿望并没有完全达成,至少通过空间自组织是不能实现的。

不过,建筑遗产空间组群的理解度和便捷度在整个片区中始终是有优势的。这和为了发展旅游业而为遗产空间建设了畅通的道路不无关系。建筑遗产空间组群良好的理解度和便捷度不仅提升了整个片区的交通便捷性,也为人们理解片区的道路关系提供了帮助。

总体而言,目前建筑遗产空间组群对片区空间组群的整合度还是起到了拉高的作用。当然,如果这一作用能够建立在四个一级因子的全面拉高上则更加令人欣慰。

5.4 建筑遗产空间组群与城市空间组群动态关系特征

如表 5-7 所示,在建筑遗产空间组群与片区空间组群的动态关系中,三个案例在各项二级因子上所呈现出来的影响趋势完全一致。

表 5-7 建筑遗产空间组群对片区空间组群二级因子的动态影响表

	大雁塔、曲江池片区		大明宫片区		唐延路片区	
	目前的影响趋势	影响度的变化	目前的影响趋势	影响度的变化	目前的影响趋势	影响度的变化
MC_n	促进	大	促进	中	促进	小
MC_3	遏制	大	遏制	中	遏制	中
MC_k	遏制	小	遏制	小	遏制	中
MR_n	遏制	小	遏制	可忽略	遏制	小
MR_3	遏制	中	遏制	小	遏制	大

前者对后者在全局选择度上的变化都起到了促进的作用,而在其他各项上则产生了遏制作用。尽管影响度不尽相同,但却说明建筑遗产空间组群的变化总体来说是小于片区空间组群的变化的。

对与一级因子的动态影响关系总结如表 5-8 所示。

表 5-8 建筑遗产空间组群对片区空间组群一级因子的动态影响表

	大雁塔、曲江池片区		大明宫片区		唐延路片区	
	影响趋势	影响度	影响趋势	影响度	影响趋势	影响度
A	恶性	小	恶性	可忽略	恶性	小
S	良性	小	良性	可忽略	良性	小
U	恶性	大	良性	大	恶性	中
I	恶性	中	恶性	小	恶性	大
N	恶性	中	恶性	小	良性	小

　　就便捷性来说,二者的动态关系是恶性的,不过好在建筑遗产空间组群对片区的恶性影响程度有限,还不至于造成太严重的后果。二者之间唯一出现良性动态关系的是安全性,不过其影响度也非常小。建筑遗产空间组群与片区空间组群在特色度和理解度上的动态关系也均为恶性,且影响度总体来说偏大。这些因素综合在一起造成了所有建筑遗产空间组群与片区空间组群的整合度动态关系均为恶性的特征。

　　建筑遗产空间的发展速度跟不上片区空间的发展这一问题,在目前尽管还没有出现明显的恶劣后果,但绝不能任其发展下去。从整合度的四个影响因子来看,提高建筑遗产空间组群理解度与特色度是重点,此外还应该加快其安全性的优化速度,而建筑遗产空间组群的便捷度优化速度则基本可以跟得上片区空间组群的变化,可以暂时不予考虑。

5.5 建筑遗产空间组群需要做出的改变

根据以上分析,为了优化建筑遗产空间组群,并使它与片区空间的动态关系向良性化发展,需要对建筑遗产空间组群的一些属性进行调整。

首先,提高建筑遗产空间组群的局部选择度标准值和连接度标准值。这是因为建筑遗产空间组群的安全性影响因子中,全局选择度已经很高了,因此需要通过提高这两项因子来提高安全性。

其次,在保持局部集成度与全局集成度良好的线性回归前提下,大力提高局部集成度,以优化建筑遗产空间的特色度,使其在空间关系上有利于形成特色区域。这会成为能够长久吸引市民和游客的重要因素。

最后,保持建筑遗产的全局集成度,并改善全局集成度与连接度之间的拟合关系,从而提高理解度水平。

以上改变都是基于空间关系而言的,并不强调对于空间形状的改变,这本身有利于建筑遗产的保护和城市空间形态的延续。

建筑遗产空间组群作为片区空间的一个子系统,其空间整合度被全面优化以后也自然会带动片区空间组群在各项因子与整合度上的优化。

5.6 空间整合度优化模拟
——以大雁塔、曲江池片区为例

提高局部集成度,意味着降低局部深度,其主要原理是在靠近建筑遗产的周边尽量减少道路的树形结构,而增加环形结构,也就是尽量让道路之间首尾相连,减少尽端路出现的次数和道路转折的次数。目前西安市内一些建筑遗产的再利用设计规划,片面追求遗产建筑的高大气势,而割裂了城市的原有环状道路关系,这是不利于城市空间整合的。

提高局部选择度的途径主要有两个:一是减少道路的锐角相交方式;二是在建筑遗产周围小范围内尽量使道路网更加丰富,增加建筑遗产周边道路与其他路径相交的机会。前者在西安地区意义不大,因为西安市内绝大部分街道均以正交方式相连,很少出现锐角的问题;后者则有加以改良的余地。对于建筑遗产空间来说,一方面可以在遗产周边形成较长的主要道路,另一方面也可以增加一些支路与城市其他道路相连。

提高连接度的方法主要是增加与被考察街道相交的街道数量,这一调整是在不增加原有空间组群内的街道总数的前提下进行的。

试以大雁塔、曲江池片区为例,进行虚拟化修改设计。如图5-1为曲江片区目前的平面图,也就是第4章中的现状平面图,图5-2为修改后的平面图,图中白色部分为修改过街道的街区。

从图中可以看出,第一,这些修改都是对建筑遗产空间的调整,而且调整量非常小;第二,这些修改对该片区原有的道路关系进行了改进,减少了一些尽端路的出现,也尽量连接了一些短小的道路使之形成较长的街道。而这一修改的最大特征还体现在对原有肌理的保留上,在修改前后,平面肌理基本没有变化,这可以维护市民对城市空间认知的习惯,从而延续城市的记忆。

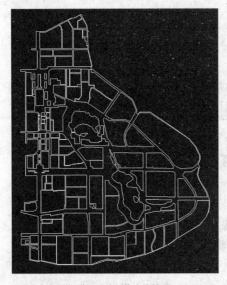

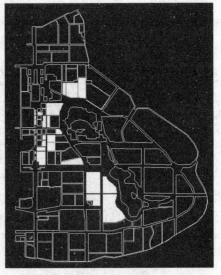

图 5-1　大雁塔、曲江池片区修改前平面
图片来源：作者自绘

图 5-2　大雁塔、曲江池片区修改后平面
图片来源：作者自绘

作为建筑遗产空间来说，它的局限性在于不能随意更改遗产的位置和占地面积，但它也有其灵活的一面，那就是对于地上部分的绿化和少量的建筑来说，并没有必须以某种固定的形态存在的理由，因此在这一层面上其设计的灵活性是很大的。这也为我们梳理空间关系，优化整合度提供了便利的条件。

将修改后的大雁塔、曲江池片区平面图再次导入 Depthmap 并进行运算，所得到遗产空间的二级因子如下：

表 5-9　优化前后建筑遗产空间组群二级因子对照表

	MC_n	MC_3	MC_k	MR_n	MR_3
M_{y3}	0.024 889 21	0.015 523 299	0.301 489 774	2.801 684 112	3.985 780 064
M_{y2}	0.017 782 388	0.011 532 664	0.057 148 633	2.569 959 298	3.643 420 731

表中 M_{y3} 是修改后的建筑遗产空间组群二级因子，M_{y2} 为修改前的遗产空间二级因子，可以看出各项二级因子均有所提高。

（修改后该片区的空间属性值与建筑遗产空间属性值详见附录 17、18）

经计算得出遗产空间的一级因子与整合度如下表：

表 5-10 优化前后建筑遗产空间组群一级因子及整合度对照表

	A	S	U	I	N
F_{y3}	1.496 266 83	−0.487 915 115	1.439 8	0.663 8	0.728 872 198
F_{y2}	1.305 680 716	−0.493 767 617	1.328 5	0.658 1	0.638 612 001

（该空间系统中 R_3 与 R_n 的决定系数 R^2 为 0.655 5，因此表中 U 值有效。）

表中 F_{y3} 为修改后建筑遗产空间组群的一级因子，F_{y2} 为修改前的一级因子。从上表可以看出，建筑遗产空间组群的四项一级因子都有所提高，整合度也随之增高了。

建筑遗产空间组群的变化也会带动片区各级因子的改变，经计算，大雁塔、曲江池片区空间组群的二级和一级因子数值也如表 5-11、表 5-12 所示发生了改变。

表 5-11 优化前后片区空间组群二级因子对照表

	MC_n	MC_3	MC_k	MR_n	MR_3
M_3	0.015 816 097	0.015 535 453	0.049 375	2.245 861 302	3.207 724 343
M_2	0.014 226 028	0.017 743 651	0.039 178 294	2.237 223 651	3.133 377 261

表 5-12 优化前后片区空间组群一级因子与整合度对照表

	A	S	U	I	N
F_3	1.140 906 371	−0.429 891 796	1.562	0.607 4	0.605 075
F_2	1.133 210 519	−0.430 018 168	1.511 01	0.553 8	0.585 379 757

（该空间系统中 R_3 与 R_n 的决定系数 R^2 为 0.643 9，因此表中 U 值有效。）

建筑遗产空间组群属性标准值的优化带动了片区的空间优化，从表中一级因子的比较可以发现，所有的一级因子数值都比之前有了一定的提高，最终的整合度值也相应提高了。

这种仅改变部分道路相交方式和个别空间单元之间相互关系的方法，既有利于保护城市空间文脉，又无须大兴土木，而其结果却有利于提高空间整合度从而一定程度上解决城市问题，无须进行新的城市开发便可以达到城市发展的目的。

5.7　小结

　　本章首先总结了三个案例在建筑遗产空间影响下的空间属性特征,并对这些特征产生的原因加以分析,对可能产生和已经出现的相应社会现象进行了描述。

　　其次,提出优化措施,并以大雁塔、曲江池片区为例进行了模拟优化。先对该片区现状平面图进行了微小的虚拟调整,再对调整后的平面进行计算,得出的各项指标均优于现状平面。

　　从模拟优化的结果可以看出,优化程度是比较有限的。这是因为新区建设在规划设计之初并未从空间关系的角度进行过相应的研究和评测,因此在目前业已完成的空间基础上进行微小的改动,也只能起到有限的作用。最好的方法,是在建设之前先进行模拟运算,对不同的方案平面进行整合度预测评估,然后再根据评测结果和实际情况进行建设,才能最有效地将空间自组织与人为干预的矛盾减至最低,并使城市空间在空间关系上达到最优整合度。

　　下一章将对这种分析计算空间整合度的方法进行整理归纳。

第 6 章

结　　论

6.1 建筑遗产与城市空间整合研究的方法

6.1.1 划定片区与确定时间节点

1) 空间组群的地理边界

空间句法理论基于空间自组织论和系统论,其研究方法也是以考察空间关系为其核心,在运用空间句法理论进行研究时,首先应该注意到当我们谈论某一个空间时,我们谈论的并不是这个空间孤立的本身,而是它作为一个系统中的一个组成部分所表现出来的种种属性,这些属性仅当它存在于系统中时才会出现。当系统发生改变(组成系统的单元数量、单元之间的关系或者系统与其他系统的关系等),这个空间单元的属性就会发生变化,反过来,当一对空间单元之间的关系发生改变,这种改变也会波及系统内的所有其他空间单元,而导致整个系统的某些属性的改变。由此可见,在使用空间句法时,首先需要确定的就是空间系统的范围。

通常来说这个系统的范围越大,系统内部的空间单元被描绘得越准确,运算得出的数据可信度也越高。但事实上,我们不可能完全准确地定义空间系统的边界。无论是以一个城市、一个地区甚至一个国家为一个空间系统,在系统的边缘上都一定还会出现与其他系统相联系的空间单元。当世界文明发展到今天,可以说没有任何一个空间系统是完全独立的。不过,正如每个空间系统都会有核心一样,我们的确可以将一些特殊的位置描述成空间的边缘地带。相比较靠近核心的位置,在这些位置上空间之间的联系大大减少或者极为简单,这些地带就成为了系统与系统之间的分水岭。尽管并不是完全的的割裂,但来自系统内部的力量到了这里变得非常微弱。我们正可以据此来划定空间系统的边界。

　　另一个可以作为划分空间系统边界的依据是研究的目标本身。本文所研究的核心问题是建筑遗产空间对于城市空间整合度的影响，因此建筑遗产空间就成为被研究空间系统的核心空间。被研究的空间系统应当是以建筑遗产空间为核心，以其影响力为半径的一个空间组群。这个空间组群的边界需要有双重特征：第一个特征是在边界上空间的密度明显降低，空间关系明显简化，也就是说空间系统本身在这里出现了一个分水岭；第二个特征是建筑遗产空间的影响力在这里明显削弱，这个影响力削弱的主要标志是视线的遮挡、交通的不便和心理感受的明显减小。这两个特征之间有时会出现不一致，当矛盾出现时还需要参照具体的实际情况进行界定。

　　因此在进行此项研究时，划定被研究空间组团的地理边界，需要进行大量的社会调查，参考历史信息以及规划方案，方能进行定位。在定位之后还要进行多次演算，观察计算结果与实际情况是否相符，才能将空间组团的地理边界调整至一个最合适的位置。

　　2）用于比对的时间节点

　　在进行数据分析之前，用于纵向比较的时间节点的确定也是一个关键。在前面的案例中，建筑遗产空间组群的演变和城市空间组群的演变时间基本同步，这在西安的新开发区较为常见。但在老城区或者其他城市，这二者不一定是同时发生变化的。不过通常来说，建筑遗产空间组群发生改变的时间比较容易确定，以遗产开发再利用项目实施的时间为时间节点的分割线即可。但城市空间组群的演变则不一定都是突变，尽管目前国内各个城市开发的力度都很大，城市空间的演变速度也很快，但要寻找出一个明确的时间节点却不太容易。不过，我们依然可以通过考察建设量来进行时间节点的确定。如果在某一时期，被研究的城市空间组群内的建设量出现高峰，那么用于比较的两个时间节点应当设定在此高峰期出现的之前和之后。当然，也有时会出现建筑遗产空间组群的建设时间与城市空间组群的建设时间不一致的情况。在这种情况下，应该以前者的时间为准。因为研究对象的核心空间为建筑遗产空间，且它对城市空间的影响虽然也会随着城市空间本身的变化而变化，但首先源自于它自身的改变。

具体来说,第一个历史时间节点必须设定在建筑遗产空间组群发生重大改变之前。如果城市空间组群发生巨变的时间与之相接近,那么最好也设定在城市空间组群发生变化之前。如果时间间隔太远,则不予考虑。第二个用于比较的时间节点,必须设定在建筑遗产空间的突变结束之后,也就是改造、再利用或者开发建设实施完毕,建筑遗产空间组群投入正常运行之后。如果城市空间组群的突变也已经结束,即被研究片区内的城市建设基本告一段落,则也将其演变时间包含在内。如果城市空间组群的突变延续至现在尚未结束,则将第二个时间节点设定得尽可能晚。因为,如果城市的大规模建设尚未结束,那么城市空间组群的系统状态尚不稳定,空间关系依然在人为干扰下发生巨大的变化,此时进行建筑遗产空间的影响研究,其结论准确度就会因为受力方的不稳定而受到影响。

6.1.2 绘制可达空间平面图

在确定了研究对象(城市片区空间组团)的地理边界和时间节点之后,就可以开始可达空间平面图的绘制。这种平面图的绘制基于以下三个原则:

1)可见性优先

人是视觉动物,人的行为主要取决于获得的视觉信息。人的知觉过程中对于视觉信息的部分可以分为两类:"可见"与"所见",可见强调的是"能够看到",而所见强调"看到的是什么"。当人们用视觉来体验环境时就会发现,"可见"与"所见"处在不同的感知层次上。人们首先会下意识的判断实体对象对视线的阻挡,完成"可见"的过程,然后才会在其中寻找感兴趣的部分进行观察,通过对被观察对象的认知完成对"所见"的理解。"可见"近似于一种无意识的行为,基本不需要思维的介入,因此,人们对空间的基本体验首先来自于这种无意识的"可见"行为。在日常生活中,集体人对所处空间环境的理解就是基于无数次这种"可见"行为的叠加,"可见"比"所见"更符合集体人的行为模式和他们对生活环境的认知方式。

在针对城市空间的研究中,尽管我们并不否认个体知觉之间的差异,但是更关注集体人对环境知觉的共性。对于空间环境中可见信息的认知,人们通常可以达成一致,因为"可见"信息简单明了且无需经过思维处理。因此,以可见性为原则更符合城市空间的使用者——集体人的认知特征,更具有普遍意义。

在集体人对空间的使用上,视觉的通达起到了关键的作用。在进行可达空间平面图的绘制时,空间单元可见性就成为一项重要的绘制原则。对于那些尽管可以到达但是在视觉上不可见(例如地下通道)的空间单元,在绘制时应该明确地与可见空间单元区分出来,甚至依据实际情况不将其绘制为可达空间。

2)步行可达原则

城市空间的使用者在出行时无外乎两种方式:步行或者借助交通工具。大部分空间采用两种方式都可以到达,但也有少数例外。

一是步行街区,或者狭窄的小径。二是机动车专用道,如高架桥、高速公路等。前者在图中一律视为可达空间。因为城市空间整合的最终目标,是要使城市具备充足的城市活力、易于识别的城市空间、鲜明的城市特色、良好的城市治安和可持续的城市记忆,这些目标的达成都离不开街道上集体人的有目的或无目的的活动,而各类活动发生的基本条件就在于人流的汇聚和停留。在步行人流中产生集体活动的概率远远高于借助自行车或机动车的出行者,过高的机动车流量甚至会严重影响街道上集体活动的发生。在城市中,最具有活力的空间永远是那些步行道或者宽阔的人行道。因此,只允许步行通过的空间绝对是可达空间的重要一类。与之相反,机动车专用道在可达空间平面图中将被视为"不可达"的空间。因为,这类空间对于城市的活力、城市的安全性、城市特色方面和城市记忆方面贡献甚微,甚至有着负面影响。

3)凸空间

凸空间本身是一个数学概念,它表示连接某空间中任意两点的直线都处于该空间中,则该空间为一个凸空间。换言之,凸空间就是不包含"凹的部分"的小尺度空间。从可见性的角度来分析,一个凸空间中所有的点之间都是相互可见的,在凸空间中的任意一点都可以看到整个凸空间。

凸空间这一空间单元模式的提出,是由于位于每一个凸空间中的所有空间使用者之间都能够彼此看到。因为空间使用者之间可以相互看到,就潜在的存在产生交流、互动的可能性,因此凸空间表达了空间使用者相对静止的聚集状态。凸空间是在满足人们互相交流的空间使用需求的前提下,将空间系统分解为空间单元的分解模式,在空间句法中规定,用最少且最大的凸空间覆盖整个空间系统。

在绘制可达空间平面图时,凸空间原则也是一个重要原则。按照该原则进行空间系统分解的准确性会影响轴线图的生成,进而影响数据的准确度。

6.1.3　生成轴线图与试运算

空间轴线代表空间使用者在空间中所能看到的最远直线距离,描述了一个沿一维方向展开的小尺度空间。从行为角度来理解的话,空间轴线描画了空间单元内最经济、最便捷的运动方式。空间轴线是在凸空间的原则上,对空间系统的进一步分解。因为轴线具有视线和运动方式的双重含义,因此轴线分解意味着空间使用者对空间的最大化经验方式。[①]

在生成空间轴线图之后还需要进行以下工作:

1) 检查轴线图与实际是否相符

将生成的轴线图与城市空间的实际情况进行比对。如果生成的轴线穿越了不可达空间,则需要对平面图进行修正。在进行全局计算($r=n$)后,如果产生的集成度中心与实际情况有严重的偏离,也需要重新检查平面图是否绘制有误。在修正了以上错误后方可进入下一步。

2) 确定局部半径

设定不同的半径值进行运算,从中选择计算结果与实际情况最为吻合的半径值。也就是计算出的空间系统内的局部中心位置与实际情况最为接近,再将以此半径值计算出的结果作为研究数据。

---

① 事实上,依据可达空间平面图,可以在 Depthmap 中生成"最多空间轴线图"和"最少空间轴线图"。如果城市空间系统比较复杂,凸空间单元有多种分解方式,那么最好采用"最多空间轴线图",但运算量会非常大;如果城市空间系统较简单,凸空间分解模式相对单一,那么可以采用"最少空间轴线图"进行计算。此外,空间轴线图还可以进一步分解成"轴线线段图",如果城市道路曲折蜿蜒,那么采用"轴线线段图"进行计算,可以提高其精确度。

3）获得三级因子

将调整好的轴线图全局空间属性值，与设定合理半径的局部空间属性值进行必要的标准化处理后，重点是排除空间数量的干扰，从而获得空间整合度的三级因子，并以此为基础，进行数据分析。

6.1.4　各级影响权数的确定

除了获得三级因子数据后，进行空间整合度计算的另一个重要步骤是各项、各级因子影响权数的确定。这项工作主要依赖社会调查。在社会调查中需要注意以下几个方面：

1）人流量调查

人流量调查用于计算空间便捷性的各项影响因子（空间群属性标准值）的权数。在进行人流量调查时，不能违背可视性原则、步行原则和凸空间原则。以街道为例，首先需要以路口为边界，计算每两个相邻路口之间的一段街道上的每小时人流量。然后计算一条空间轴线所穿越的各段街道的人流量平均值。再将各轴线的空间属性值与人流量平均值按照对应关系输入矩阵，进行决定系数计算。最后将决定系数进行归一化处理，获得某空间群属性标准值的影响权数。

如图 6-1 所示：被轴线 A 穿过的街道上有 4 个路口，将其分为 4 段，分别统计每一段的人流量 W_1、W_2、W_3、W_4，计算它们的平均值得到 W，假设 $W=50$。假设该街道对应的空间轴线的空间属性 C_n、C_k 和 R_n 分别为 0.018 3、0.009 4 和 1.503，那么计算矩阵中的一行就为：0.018 3、0.009 4、1.503、50。

对于人流量的统计应分时段多次进行。统计时间上要包含工作日、节假日、交通高峰期、交通低谷期和一般时间这几种时间段。对每一个时间段进行尽可能多次的重复统计，以提高数据的准确性。

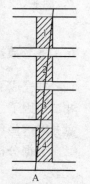

图 6-1　街道人流量统计分段示意图
图片来源：作者自绘

2）案件与反社会行为调查

该项社会调查主要用于进行安全性的各项影响因子的权数计算。在进行该项社会调查时也要注意两个问题。

第一，在通过地方派出所和公安部门了解案件数量和案件发生的位置时，需要排除一些有特殊原因的、与空间无关的犯罪。例如有些犯罪行为的发生,主要因为犯罪人与受害者之间的个人恩怨,案件发生地是受害人的住处,这类犯罪不予考虑。实际上,主要需要收集的数据是那些在城市空间内随机发生的犯罪类型,例如盗窃、摩托抢劫、儿童劫持与诱骗等。

第二,反社会行为泛指那些没有触犯法律,但是容易引起大众反感,影响正常社会活动发生的行为。例如乞讨者的聚集、涂鸦、轻度破坏公共设施,以及聚众酗酒等。反社会行为很难收集到官方数据,而需要通过长期的观察和社会访谈。因此,该项数据的准确性主要取决于观察时间和访谈数量。观察时间以夜间和凌晨为最佳,因为在人流高峰期,即便是灰空间也很难会出现反社会行为。而访谈对象应选择片区内的长期居住者和义务治安员。因为他们对片区的情况非常熟悉,而且不容易引起反社会行为人太高的警惕,较容易观察到反社会行为的发生。

3)针对一级因子的问卷调查

对于空间整合度的一级因子权数的确定,主要采用问卷调查的方式。在设计问卷时,要符合社会学研究的基本原则。尽量做到问题清晰易懂,并控制问题数量在 10 个左右。问卷的数量和调查对象的多样化可以提高调查的准确度。本文中所选择的问卷调查对象全部为西安市常住人口,但选择了不同年龄层次、职业、教育背景和居住地的人群。

6.1.5 数据分析与优化模拟

在完成了三级因子的数据采集、权重的确定后,就可以计算出二级因子、一级因子和空间组团的空间整合度数值。接下来就是对这些数据的具体分析和归纳总结。

数据分析主要分为三种方式:纵向比较、静态比较和动态比较。

纵向比较是指对同一空间系统在不同时间节点上的空间群属性标准值进行比较。通过纵向比较可以得知空间组团在建设前后所发生的具体变化。静态比较是在同一时间节点上,对空间母系统和其内部的子系统进行比较,已获悉子系统对母系统在该时间节点上的影响。动态比较是对空间母系统和其内部子系统在同一时间段内各自产生的变化进行比较,以分析二者的动态关系。如果这三类比较的结果都是理想的,那就意味着该空间母系统与子系统完全整合了。

在进行数据分析时,不仅要观察各个数据的增减趋势,还应注意变化幅度相对于数据本身的大小比例,才能得出正确的结论。

在对空间系统的二级因子的变化进行分析时,不应草率地评定其好坏。因为二级因子只能说明空间关系本身赋予每个空间系统的属性,而并不直接反映这种空间关系是否与城市发展的目标相一致。例如,全局集成度标准值对于便捷性来说是正向因子,而对于安全性来说则是负向因子,因此不能单纯从二级因子的增减来判断空间关系的优劣。

此外,也不能仅仅通过最终的整合度值的比较分析,武断地得出空间系统是否需要进一步优化的结论。整合度值只是一个用于考察综合水平的数值,虽然有高度的概括性,但也因其概括性而并不能细致地描述空间系统在各个方面的优劣,因此,还需要结合一级因子的变化来得出相应的结论。一级因子不仅与空间使用者的感受直接相关,还综合反映了空间系统内部各个空间单元的属性,它是连接理论数据与实际现象之间的桥梁,也是该研究方法中得出结论所依据的最重要的一组数据。

在完成了所有的数据采集、分析和归纳总结后,如有必要就进行适当的优化模拟计算,针对结论进行城市空间整合度优化设计。这项工作的原则就是尽量不改变城市空间原有的肌理,控制建设量和城市面积,充分发挥从空间关系入手进行空间优化的优势。

6.2 不足与展望

6.2.1 该研究的不足

以利用建筑遗产进行空间整合为目标,运用空间句法对城市空间系统进行量化分析的方法在其数据来源和应用上有一些局限性,主要分为三个方面。

1) 空间系统边界的模糊性

如前所述,尽管每一个空间系统都有其相对而言的核心空间和空间边界,但这一概念是相对的,而非绝对的。空间系统的边界有其模糊性,由于交通、信息的高度发达,当今世界中基本不存在孤立的空间系统,因此对于空间边界的确定是一种人为划分。人为地割裂空间系统之间的联系(即便这一联系是微弱的),会影响到数据的准确性。但因为不可能将整个陆地的空间作为一个系统来进行研究,所以空间系统边界的模糊性所带来的数据误差是不可避免的。

2) 社会调查的不准确性

在本研究中多次采用了社会调查的方式来获取一些数据,而社会调查这一方法本身也不可避免地存在不准确性。如,在人流量调查中,我们采用了固定样本调查法,对同一条街道的人流进行了分时间段、分次的数据采集。但这种方法本身受到采集次数的影响,也存在误差。当然次数越多,误差越小,但由于时间和人力资源的限制,笔者对每一时间段只进行了两次重复统计,因此最终得到的人流量还是存在一些误差的。对这一误差的改善,有待在以后的研究中得到解决。

针对反社会行为进行的市民和义务治安员访谈,以及针对一级因子进行的问卷调查,也存在因访问对象数量的多少所引起的数据不准确的问题。这一问题也需要通过更长的观察时间和更多的调查数量来得以解决。

3）计算方法的局限性

本研究在进行二级因子的权数计算时，采用了相关系数法，而这一计算方法本身具有局限性。

首先相关系数法用于计算线性相关的数据时，其准确度较高，但对于非线性相关的数据则存在误差。对于本研究来说，采用两组数据的相关系数作为权数确定的依据，实际上是预先假定了两组数据为线性相关，而这一假设是否完全成立还有待进一步的验证。因此，如果两组数据间并不是线性相关的关系，那么使用相关系数法进行权数计算就会存在误差。为了尽可能缩小这一误差，笔者在计算得出两组数据的相关系数后，对相关系数进行平方计算得出决定系数，缩小了相关系数间的差距，然后才对其进行归一化处理得出相应的权数。

6.2.2　对该研究的展望

本研究方法最重要的特点有三个，一个是适合于进行跟踪调查，考察一个空间组群在时间上的演变，并将这种演变准确地用量化方式描述出来；二是适合进行系统研究，并可以进行一定的跨系统比较，这既有利于对复杂系统进行判断，也在不同尺度的系统研究上具有一定的弹性；三是除了进行已完成项目的评测外，还可以进行预测性评估，因此有利于在建设实施之前进行预判，预先防止一些问题的产生。基于这三个特点，本研究可以在以下几个方面进行扩展。

本书的研究只是城市空间整合研究中的一部分，应用范围仅局限在对城市新建区内的部分建筑遗产及其周边城市空间的跟踪分析上，还有很大的扩展空间。就该领域的需要来说，该研究还可以扩展至所有文化遗产对城市空间的影响研究上。就研究对象而言，本书所涉及的建筑遗产只是各类遗产中的一小部分，还可以扩展至对大遗址、古墓葬（群）、历史街区和未发掘地下遗址及其影响的跟踪研究上。就研究的地理范围来讲，也可以扩展至对整个西安市乃至其周边相邻城镇的综合考察。时间范围也可以从目前的近十年扩展至更长的时间段，只要可以获得较为详实的地理信息，在时间范围上就没有特定的界限。

　　此外，因为此研究方式可以进行跨系统比较，并且可以对复杂系统进行量化描述，因此在研究对象上还可以进行进一步的扩展。除了对建筑遗产空间系统，或者文化遗产空间系统进行研究外，本方法完全可以运用于对任何一种空间系统的演化研究或者母系统与子系统间的影响研究上。例如历史街区空间系统的演化研究、商业空间系统的演化研究、居住社区空间系统对城市空间系统的影响研究，或者也可以分析某一市镇对整个城市区域的影响作用等。

　　最后，本研究另一个扩展方向是预测性研究。实际上，UCL的空间句法工作站以及国内东南大学的研究团队早已开始了这方面的工作。他们通过空间句法对尚未实施的规划方案进行计算，通过对计算结果的分析进行方案的筛选和优化。这一运用极大地制止了资源的浪费，在问题出现之前排除其产生的可能性。与他们有所不同的是，本研究的方法更侧重于对原有城市片区的改造更新或者在一定限制条件下（例如不可移动的建筑遗产等）进行规划设计时进行结果预测，减少人为干预力与自组织力之间的冲突，避免二者相互抵消的结果。

　　如果要达到本研究在以上方面的扩展，还需要增加一些数据并改进一些计算方法。之所以必须增加数据的收集量，是因为本研究的基础在于调查数据，数据越多则准确率越高。计算方法的改进主要指根据研究对象和范围的不同，根据其特点进行改进。例如，如果要研究多个子系统与母系统间的影响关系，那么本书所使用的简单相关系数法就会有较大的误差，有可能需要进行复相关或者偏相关系数的计算。在确定各级因子的权数时，也有可能引用更多的权数计算方法，考虑非线性相关的可能性等。所有这些不同的改进方式都有待于在今后的研究中一一考察。

附录 1:西安市城市空间意象调查问卷

1. 您在西安生活了几年?呆过几月?或者几天?

2. 您认为自己熟悉西安吗?

3. 您(在西安时)居住在西安的哪个区域?

4. 您(在西安时)的社会角色是什么?(例如:学生、来西安出差或旅游的流动人员、离开家乡到西安的打工一族、普通上班族、已经退休养老的人员、在家上班的自由职业者……)

5. 如果让您画西安地图,您会从哪里开始画起?(比如某条街道、某个重要建筑物、广场等)

6. 您认为西安城市区的大致边界在哪里?

7. 您觉得在西安哪个区域最容易迷路?哪个区域最有特点?

8. 您认为下面四个因素会影响您选择居住、出游、购物娱乐等日常活动的地段吗?请按照影响您选择地段的程度由轻到重依次打分,如果完全不影响请给"0"分,如果非常影响请给"5"分。

交通便利	( )
容易辨别方位,即便不熟悉那里的人也不会迷路	( )
安全	( )
有良好独特的氛围	( )

9. 请列出您认为其他影响您选择的因素,并给出相应的分数。

附录 2:整合度一级影响因子得分统计与权数计算

便捷性	安全性	理解度	特色度
5	5	2	0
5	4	2	1
4	4	2	1
5	3	3	0
5	3	2	1
4	3	1	2
5	4	2	1
3	4	3	0
5	5	1	1
4	3	2	0
5	3	3	1
5	3	1	2
5	2	4	1
4	4	1	1
4	4	3	1
4	2	2	0
4	2	4	0
5	2	1	1
5	2	2	2
5	2	3	0

便捷性	安全性	理解度	特色度
5	3	2	0
4	3	1	1
4	3	4	2
3	3	1	1
3	3	2	0
5	5	3	0
5	5	2	0
4	3	1	1
4	3	2	1
4	3	3	1
5	5	0	3
4	5	2	1
4	3	3	2
4	3	2	1
4	4	2	0
5	4	1	1
5	3	4	2
4	5	2	1
2	5	3	1
2	5	3	0

便捷性	安全性	理解度	特色度
4	5	2	1
5	3	3	3
4	3	2	2
4	2	3	1
5	2	2	3
3	2	2	3
5	2	4	2
5	3	4	1
5	5	2	1
4	3	2	3
5	2	1	2
5	3	1	2
5	2	0	3
4	3	1	2
4	5	1	2
4	2	2	3
5	2	3	2
3	2	2	2
5	3	2	1
4	3	1	1

便捷性	安全性	理解度	特色度
3	3	1	2
5	4	1	3
4	5	2	2
5	2	3	2
4	2	3	3
3	3	1	2
5	3	3	3
5	5	3	2
5	3	2	3
3	3	2	3
4	3	2	2
4	3	3	3
4	3	3	2
4	2	4	0
4	5	2	2
4	2	2	3
便捷性	安全性	理解度	特色度
4	2	3	0
3	5	2	0
3	3	1	2
5	2	2	3
5	5	3	4
3	4	3	2
3	2	2	3
4	3	4	0
4	2	2	3
5	2	3	0
5	3	3	3

便捷性	安全性	理解度	特色度
5	4	2	2
4	5	1	1
4	2	4	1
4	1	1	2
4	4	3	1
4	5	2	2
3	3	1	0
3	2	4	0
3	5	0	2
4	3	2	2
4	3	2	1
4	5	1	1
2	2	1	3
4	3	2	2
3	3	2	0
4	3	3	1
4	2	2	2
4	5	2	0
4	2	1	3
3	3	1	2
4	3	2	0
4	3	2	2
5	4	1	3
4	4	2	0
5	4	2	1
4	4	3	3
4	5	3	3
4	3	2	2
5	4	3	1

便捷性	安全性	理解度	特色度
5	4	2	2
5	4	1	2
4	4	3	2
4	3	3	1
4	3	3	3
3	2	2	3
3	3	1	2
5	4	1	1
2	3	1	2
4	3	1	2
4	3	1	3
4	3	2	2
3	5	3	2
3	3	2	2
3	3	4	3
3	2	1	2
3	2	4	3
4	3	2	3
4	3	3	2
4	2	3	1
4	5	1	2
4	2	2	1
4	3	2	1
4	3	2	1
5	2	4	1
5	3	2	2
4	2	3	1
4	5	3	2
4	3	1	3

5	3	4	0	4	3	1	3	5	3	3	1
4	2	3	1	5	2	2	2	4	3	3	2
5	4	3	2	5	4	3	2	4	2	2	1
4	5	3	0	4	2	2	2	4	4	1	2
4	1	2	2	4	2	3	0	3	3	2	1
3	3	1	1	4	3	3	1	5	3	2	1
3	2	3	2	4	4	2	1	5	4	2	1
5	5	5	2	3	2	3	2	5	2	2	1
5	3	2	3	5	3	2	3	3	3	1	2
5	3	4	2	5	2	4	2	3	2	1	1
3	2	1	2	5	2	1	0	5	3	2	2
3	4	3	3	5	3	2	3	3	2	3	3
3	2	1	2	5	3	0	2	5	3	2	1
4	3	2	1	5	2	2	0	5	4	1	0
4	2	2	1	4	4	3	2	5	2	2	1
5	4	3	2	5	3	2	0	5	3	3	2
4	3	2	2	5	3	4	2	4	2	1	2
4	5	2	0	5	3	1	3	4	3	3	1
5	2	2	2	5	4	2	2	3	3	2	2

影响权数计算

	便捷性 A	安全性 S	理解度 I	特色度 U
总得分	847	640	446	330
归一化	0.374 281 927	0.282 810 429	0.197 083 517	0.145 824 127
权数	0.4	0.3	0.2	0.1

附录3:街道每小时平均人流量统计与便捷性的影响因子权数计算

街道编号	Choice [Norm]	Choice [Norm] R₃	Conne-ctivity	Integration [HH]	Integration [HH] R₃	Cₖ	每小时平均人流量
0	0.000 135	0.000 135	612	5.915 638	7.042 034	0.034 068	154
1	0.000 167	0.000 183	743	5.937 14	7.084 527	0.041 36	135
2	0.000 269	0.000 217	687	5.943 945	7.095 931	0.038 243	143
3	0.000 196	0.000 28	774	5.957 43	7.123 325	0.043 086	141
4	0.000 877	0.000 398	1422	6.798 283	8.033 258	0.079 158	181
5	0.000 245	0.000 116	890	6.017 916	7.222 181	0.049 544	154
6	0.000 33	0.000 258	928	6.035 952	7.256 984	0.051 659	157
7	0.000 449	0.000 247	990	6.177 773	7.306 953	0.055 11	231
8	0.000 836	0.000 446	1383	6.780 285	8.006 615	0.076 987	202
9	0.000 687	0.000 484	1417	6.793 386	8.028 082	0.078 88	192
10	0.001 056	0.000 595	1435	6.799 175	8.036 967	0.079 882	181
11	0.001 011	0.000 578	1458	6.808 77	8.053 511	0.081 162	191
12	0.000 976	0.000 622	1504	6.888 581	8.107 104	0.083 723	139
13	0.000 956	0.000 881	1494	6.888 352	8.104 51	0.083 166	158
14	0.001 118	0.000 747	1500	6.889 725	8.106 828	0.083 5	172
15	0.000 772	0.000 637	1473	6.871 468	8.088 851	0.081 997	176
16	0.000 894	0.000 493	1458	6.868 055	8.083 077	0.081 162	139
17	0.000 946	0.000 673	1442	6.864 192	8.076 542	0.080 272	159
18	0.000 96	0.000 538	1424	6.859 653	8.068 868	0.079 27	148
19	0.000 859	0.000 492	1455	6.866 692	8.080 769	0.080 995	148

20	0. 000 723	0. 000 493	1399	6. 848 104	8. 049 365	0. 077 878	181
21	0. 000 927	0. 000 491	1383	6. 844 263	8. 042 885	0. 076 987	163
22	0. 000 779	0. 000 403	1364	6. 838 397	8. 032 994	0. 075 93	169
23	0. 000 682	0. 000 356	1347	6. 830 741	8. 020 097	0. 074 983	187
24	0. 000 692	0. 000 564	1336	6. 827 819	8. 015 177	0. 074 371	129
25	0. 000 699	0. 000 548	1318	6. 817 945	7. 998 568	0. 073 369	155
26	0. 000 989	0. 000 322	1297	6. 810 782	7. 986 532	0. 072 2	155
27	0. 000 692	0. 000 252	1182	6. 675 557	7. 833 214	0. 065 798	161
28	0. 000 364	0. 000 288	1143	6. 661 624	7. 809 572	0. 063 627	148
29	0. 000 347	0. 000 357	1063	6. 621 648	7. 741 988	0. 059 174	154
30	0. 000 309	0. 000 233	993	6. 577 767	7. 675 733	0. 055 277	166
31	0. 000 199	0. 000 104	879	6. 158 333	7. 151 516	0. 048 931	202
32	0. 000 897	0. 000 37	1414	6. 849 687	8. 052 036	0. 078 713	162
33	0. 000 319	0. 000 103	842	6. 144 471	7. 127 709	0. 046 872	170
34	0. 000 202	9. 31E—05	807	6. 137 744	7. 116 176	0. 044 923	168
35	8. 56E—05	6. 77E—05	717	6. 078 575	7. 020 665	0. 039 913	184
36	0. 000 12	7. 62E—05	680	6. 071 637	7. 008 858	0. 037 853	189
37	0. 000 103	5. 25E—05	670	6. 056 746	6. 983 562	0. 037 297	138
38	0. 000 166	4. 50E—05	622	6. 047 917	6. 968 591	0. 034 625	151
39	0. 000 191	8. 06E—05	589	6. 016 346	6. 915 224	0. 032 788	121
40	3. 73E—06	2. 11E—05	178	4. 493 85	6. 005 82	0. 009 909	78
41	5. 03E—06	9. 41E—06	159	4. 486 852	5. 976 448	0. 008 851	72
42	1. 90E—06	1. 12E—05	141	4. 484 524	5. 967 824	0. 007 849	68
43	0. 000 491	0. 000 921	369	4. 784 686	6. 661 766	0. 020 541	132
44	0. 000 351	0. 000 361	312	4. 670 921	6. 409 745	0. 017 368	129
45	0. 000 234	0. 000 414	305	4. 669 869	6. 405 298	0. 016 978	120
46	0. 000 866	0. 000 634	369	4. 784 686	6. 661 766	0. 020 541	137
47	0. 000 333	0. 000 341	303	4. 669 029	6. 401 744	0. 016 867	125
48	0. 000 143	0. 000 139	278	4. 665 039	6. 384 921	0. 015 475	97
49	0. 000 338	0. 000 498	339	4. 779 945	6. 641 826	0. 018 871	109

决定系数计算：

全局选择度与人流量

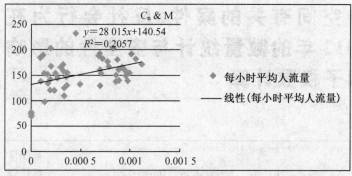

连接度与人流量

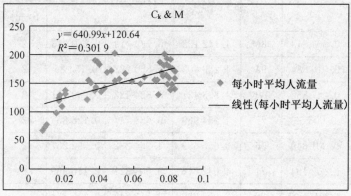

全局集成度与人流量：

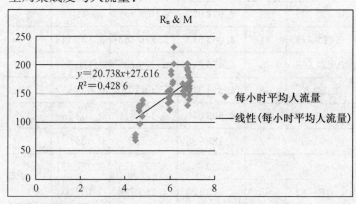

影响权数计算

全局选择度影响权数＝0.205 7/(0.205 7＋0.301 9＋0.428 6)≈0.2

连接度影响权数＝0.301 9/(0.205 7＋0.301 9＋0.428 6)≈0.3

全局集成度影响权数＝0.428 6/(0.205 7＋0.301 9＋0.428 6)≈0.5

附录 4：与空间有关的案件、反社会行为在 2012 年的数量统计与安全性的影响因子权数计算

Ref	Choice〔Norm〕	Choice〔Norm〕R_3	Conne-ctivity	Integration〔HH〕	Integration〔HH〕R_3	C_k	案件与反社会（单位：10 起）
4	0.004 637	0.004 643	85	4.142 128	5.729 719	0.140 033	2
5	0.009 481	0.010 884	94	4.250 902	5.850 222	0.154 86	2
6	0.060 241	0.047 852	176	4.893 421	6.834 422	0.289 951	3
7	0.004 74	0.006 59	77	4.054 969	5.635 747	0.126 853	2
8	0.002 477	0.001 849	56	3.655 699	4.964 272	0.092 257	2
9	0.003 409	0.002 194	71	4.042 816	5.604 321	0.116 969	2
10	7.09E−05	6.33E−05	26	2.993 239	3.713 842	0.042 834	1
11	2.73E−05	0.000 295	25	2.991 027	3.708 755	0.041 186	4
12	0.011 036	0.009 474	81	4.083 612	5.710 463	0.133 443	1
13	0.018 351	0.021 359	73	4.476 614	6.179 737	0.120 264	3
19	0.049 647	0.034 85	58	4.314 349	5.563 16	0.095 552	2
20	0.088 88	0.046 443	63	4.583 079	6.149 317	0.103 789	1
21	0.008 395	0.000 589	17	3.183 996	3.795	0.028 007	2
22	0.019 044	0.006 046	23	3.300 864	3.925 373	0.037 891	2
23	0.019 115	0.012 482	65	3.578 125	4.263 796	0.107 084	1
24	0.003 933	0.000 613	3	2.216 243	2.636 357	0.004 942	2
25	0.001 544	0.002 761	3	2.216 243	2.636 357	0.004 942	1

26	0. 113 482	0. 045 213	56	4. 506 525	5. 472 884	0. 092 257	4
27	0. 014 358	0. 009 648	45	4. 282 391	5. 219 863	0. 074 135	1
28	1. 09E−05	6. 07E−05	10	3. 020 044	3. 741 492	0. 016 474	3
29	0	2. 21E−05	6	2. 837 91	3. 412 795	0. 009 885	0
30	0	6. 07E−05	9	3. 017 792	3. 736 456	0. 014 827	3
31	0. 002 569	0. 003 272	35	3. 613 267	4. 748 78	0. 057 661	2
32	0. 004 451	0. 005 158	47	3. 409 317	4. 061 562	0. 077 43	2
33	0. 001 746	0. 000 972	20	3. 199 098	3. 850 603	0. 032 949	2
46	0. 033 947	0. 016 673	56	3. 665 633	4. 392 477	0. 092 257	1
47	0. 001 02	0. 000 494	19	3. 314 381	4. 039 914	0. 031 301	1
48	6. 00E−05	0. 018 391	3	1. 674 331	1. 485 43	0. 004 942	0
......	......	......	......	......	......	......	......
307	0. 004 899	0. 000 982	137	4. 722 122	6. 175 888	0. 225 7	2
308	0. 001 626	0. 000 986	167	4. 241 991	6. 728 809	0. 275 124	3
316	0. 000 251	0. 000 272	138	4. 116 845	6. 305 522	0. 227 348	2
317	0. 002 662	0. 001 502	146	4. 176 325	6. 503 01	0. 240 527	2
318	0. 002 782	0. 002 047	168	5. 027 154	6. 738 537	0. 276 771	2
319	0. 000 736	0. 002 629	129	4. 761 011	6. 216 915	0. 212 521	3
320	0. 006 055	0. 001 574	161	4. 983 816	6. 644 574	0. 265 239	2
321	0. 010 441	0. 008 996	198	5. 262 496	7. 267 05	0. 326 194	1
322	0. 004 282	0. 001 203	148	4. 755 416	6. 245 936	0. 243 822	2
323	0. 003 529	0. 001 337	157	4. 911 237	6. 535 103	0. 258 649	2
324	0. 005 313	0. 001 424	155	4. 858 174	6. 465 949	0. 255 354	2
325	0. 002 504	0. 005 684	177	4. 852 349	6. 703 939	0. 291 598	2
326	0. 000 338	0. 000 799	47	3. 383 661	4. 794 318	0. 077 43	3

决定系数计算：

全局选择度与案件及反社会行为数量

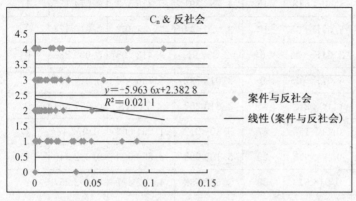

局部选择度与案件及反社会行为数量

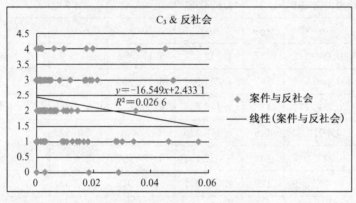

连接度与案件及反社会行为数量

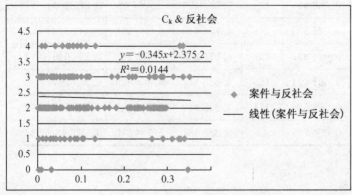

全局集成度与案件及反社会行为数量

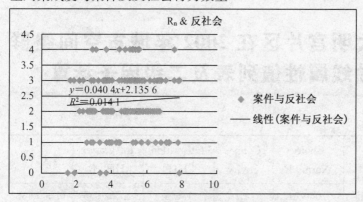

局部集成度与案件及反社会行为数量

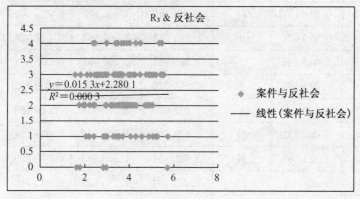

影响权数计算

全局选择度影响权数＝$0.0211/(0.0211＋0.0266＋0.0144＋0.0141＋0.0003)≈0.3$

局部选择度影响权数＝$0.0266/(0.0211＋0.0266＋0.0144＋0.0141＋0.0003)≈0.3$

连接度影响权数＝$0.0144/(0.0211＋0.0266＋0.0144＋0.0141＋0.0003)≈0.2$

全局集成度影响权数＝$0.0141/(0.0211＋0.0266＋0.0144＋0.0141＋0.0003)≈0.2$

局部集成度影响权数＝$0.0003/(0.0211＋0.0266＋0.0144＋0.0141＋0.0003)≈0$

附录 5:大明宫片区在 2002 年城市空间组群轴线属性值列表及二级因子计算

Ref	Choice [Norm]	Choice [Norm] R₃	Conne-ctivity	Integration [HH]	Integration [HH] R₃	C_k
0	0. 018 345	0. 060 797	5	1. 504	2. 332 935	0. 009 488
1	0. 002 665	0. 001 797	6	1. 837 41	2. 623 42	0. 011 385
2	0. 057 353	0. 018 151	14	2. 142 49	3. 025 187	0. 026 565
3	0. 029 658	0. 029 424	9	1. 791 041	2. 507 997	0. 017 078
4	0. 022 835	0. 012 664	3	1. 585 921	2. 068 494	0. 005 693
5	0. 015 339	0. 066 667	2	1. 277 779	1. 170 816	0. 003 795
6	0. 038 37	0. 009 682	5	2. 028 921	2. 973 972	0. 009 488
7	0. 130 755	0. 067 532	31	2. 521 509	4. 205 453	0. 058 824
8	0. 227 362	0. 121 593	37	2. 626 491	4. 329 683	0. 070 209
9	0. 026 138	0. 026 29	22	2. 306 404	3. 733 055	0. 041 746
10	0. 000 681	0. 003 35	6	1. 907 368	2. 819 857	0. 011 385
11	0. 021 814	0. 013 093	8	1. 888 337	2. 851 771	0. 015 18
12	0. 003 571	0. 005 657	19	2. 024 099	3. 161 985	0. 036 053
13	0. 029 013	0. 019 77	22	2. 303 285	3. 711 539	0. 041 746
14	2. 17E−05	0. 000 303	7	1. 885 202	2. 839 612	0. 013 283
15	0. 001 05	0. 285 714	2	0. 922 687	0. 861 966	0. 003 795
16	0. 007 873	0. 285 714	2	1. 070 908	0. 861 966	0. 003 795
17	0. 010 82	0. 010 132	7	1. 949 948	2. 896 43	0. 013 283
18	0. 004 114	0. 004 206	10	1. 952 183	2. 947 209	0. 018 975
19	0. 006 185	0. 007 721	11	1. 953 302	2. 957 033	0. 020 873
20	0. 001 926	0. 001 761	7	1. 917 028	2. 851 285	0. 013 283

21	0. 003 607	0. 001 752	7	1. 890 432	2. 845 435	0. 013 283
22	0. 018 606	0. 008 47	7	1. 890 432	2. 845 435	0. 013 283
23	0. 021 64	0. 002 191	8	1. 891 482	2. 855 525	0. 015 18
24	0. 001 209	0. 001 227	4	1. 877 927	2. 787 006	0. 007 59
25	0. 012 624	0. 012 213	6	2. 053 381	2. 954 332	0. 011 385
26	0. 009 22	0. 012 136	13	2. 091 197	3. 209 751	0. 024 668
27	0. 002 47	0. 005 125	5	1. 930 062	2. 956 658	0. 009 488
28	0. 008 104	0. 006 056	5	1. 876 892	2. 784 746	0. 009 488
29	0. 007 206	0. 005 988	7	1. 892 533	2. 851 285	0. 013 283
......	......	......	......	......	......	......
514	0. 002 086	0. 058 824	4	1. 271 104	1. 402 843	0. 007 59
515	0. 000 884	0. 058 824	4	1. 271 104	1. 402 843	0. 007 59
516	0. 016 187	0. 030 392	4	1. 573 468	2. 052 061	0. 007 59
517	0. 039 87	0. 009 504	5	1. 850 385	2. 461 044	0. 009 488
518	0. 006 946	0. 001 304	4	1. 841 383	2. 403 415	0. 007 59
519	0. 000 84	0. 072 727	3	1. 255 18	1. 205 285	0. 005 693
520	0. 001 535	0. 022 523	2	1. 461 415	1. 693 624	0. 003 795
521	0. 012 363	0. 007 374	6	1. 819 743	2. 484 663	0. 011 385
522	0. 002 093	0. 030 303	3	1. 500 687	1. 688 312	0. 005 693
523	0. 102 988	0. 026 459	11	2. 470 311	3. 607 103	0. 020 873
524	0. 008 923	0. 007 651	5	2. 169 783	3. 183 454	0. 009 488
525	0. 000 811	0. 004 2	5	1. 859 476	2. 487 747	0. 009 488
526	0. 319 37	0. 052 474	14	2. 544 107	3. 619 267	0. 026 565
三级因子求和	7. 316 763	14. 773 49		1005. 356	1469. 181	15. 609 11
	MC_n	MC_3		MR_n	MR_3	MC_k
二级因子	0. 013 884	0. 028 033		1. 907 697	2. 787 819	0. 029 619

附录 6：大明宫片区在 2012 年城市空间组群轴线属性值列表及二级因子计算

Ref	Choice [Norm]	Choice [Norm] R₃	Conne-ctivity	Integration [HH]	Integration [HH] R₃	C_k
0	0.012 721	0.005 563	183	5.161 81	7.037 08	0.301 483
1	0.009 797	0.007 866	179	4.887 511	6.787 564	0.294 893
2	0.010 479	0.006 005	177	5.122 606	6.949 117	0.291 598
3	0.010 577	0.010 318	91	4.228 693	5.795 547	0.149 918
4	0.004 637	0.004 643	85	4.142 128	5.729 719	0.140 033
5	0.009 481	0.010 884	94	4.250 902	5.850 222	0.154 86
6	0.060 241	0.047 852	176	4.893 421	6.834 422	0.289 951
7	0.004 74	0.006 59	77	4.054 969	5.635 747	0.126 853
8	0.002 477	0.001 849	56	3.655 699	4.964 272	0.092 257
9	0.003 409	0.002 194	71	4.042 816	5.604 321	0.116 969
10	7.09E-05	6.33E-05	26	2.993 239	3.713 842	0.042 834
11	2.73E-05	0.000 295	25	2.991 027	3.708 755	0.041 186
12	0.011 036	0.009 474	81	4.083 612	5.710 463	0.133 443
13	0.018 351	0.021 359	73	4.476 614	6.179 737	0.120 264
14	0.000 693	0.000 79	24	3.314 381	4.045 944	0.039 539
15	0.047 236	0.040 546	88	4.583 079	6.448 978	0.144 975
16	0.009 541	0.010 67	48	4.296 029	5.880 244	0.079 077
17	0.004 991	0.004 012	33	3.967 509	5.115 812	0.054 366
18	0.018 929	0.004 051	6	2.857 951	3.381 933	0.009 885
19	0.049 647	0.034 85	58	4.314 349	5.563 16	0.095 552
20	0.088 88	0.046 443	63	4.583 079	6.149 317	0.103 789

21	0. 008 395	0. 000 589	17	3. 183 996	3. 795	0. 028 007
22	0. 019 044	0. 006 046	23	3. 300 864	3. 925 373	0. 037 891
23	0. 019 115	0. 012 482	65	3. 578 125	4. 263 796	0. 107 084
24	0. 003 933	0. 000 613	3	2. 216 243	2. 636 357	0. 004 942
25	0. 001 544	0. 002 761	3	2. 216 243	2. 636 357	0. 004 942
26	0. 113 482	0. 045 213	56	4. 506 525	5. 472 884	0. 092 257
27	0. 014 358	0. 009 648	45	4. 282 391	5. 219 863	0. 074 135
28	1. 09E−05	6. 07E−05	10	3. 020 044	3. 741 492	0. 016 474
29	0	2. 21E−05	6	2. 837 91	3. 412 795	0. 009 885
……	……	……	……	……	……	……
593	0. 002 929	0. 001 493	2	2. 277 355	2. 787 717	0. 003 295
594	0. 000 109	0. 010 084	4	1. 809 865	1. 761 213	0. 006 59
595	0. 008 695	0. 013 098	4	1. 944 67	2. 253 636	0. 006 59
596	0. 000 595	0. 004 354	3	1. 789 854	1. 902 274	0. 004 942
597	0. 013 098	0. 147 368	4	1. 512 279	1. 489 664	0. 006 59
598	0	0	1	1. 233 422	0. 806 384	0. 001 647
599	0. 001 991	0. 013 559	4	2. 001 414	2. 018 751	0. 006 59
600	0	0	3	1. 538 145	1. 521 256	0. 004 942
601	0. 010 91	0. 004 517	3	1. 930 753	2. 151 538	0. 004 942
602	0. 008 695	0. 006 895	5	1. 946 541	2. 293 38	0. 008 237
603	0. 070 987	0. 008 435	10	2. 843 892	3. 310 075	0. 016 474
604	0. 000 982	0. 000 461	5	2. 469 102	3. 002 994	0. 008 237
605	0. 004 228	0. 011 299	4	2. 005 381	2. 100 317	0. 006 59
606	0. 087 592	0. 022 161	10	2. 699 706	3. 330 788	0. 016 474
三级因子求和	4. 390 617	4. 372 234	41478	2076. 308	2850. 543	68. 332 78
	MC_n	MC_3		MR_n	MR_3	MC_k
二级因子	0. 007 257	0. 007 227		3. 431 914	4. 711 641	0. 112 947

附录 7:大明宫片区在 2002 年建筑遗产空间组群轴线属性值列表及二级因子计算

Ref	Choice [Norm]	Choice [Norm] R₃	Conne-ctivity	Integration [HH]	Integration [HH] R₃	C_k
65	0.012 399	0.009 203	62	2.688 681	4.324 266	0.117 647
66	0.186 022	0.082 158	56	2.865 062	4.485 11	0.106 262
75	0.004 114	0.005 489	52	2.657 222	4.188 334	0.098 672
78	0.005 229	0.007 932	64	2.695 063	4.358 585	0.121 442
80	0.003 592	0.001 066	47	2.527 121	4.172 613	0.089 184
84	0.005 881	0.005 746	57	2.547 913	4.291 117	0.108 159
86	0.009 14	0.005 991	47	2.525 248	4.160 657	0.089 184
88	0.010 683	0.010 166	49	2.547 913	4.256 695	0.092 979
103	0.001 398	0.000 262	51	2.651 019	4.156 362	0.096 774
104	0.002 745	0.001 67	48	2.648 957	4.145 813	0.091 082
105	0.000 934	0.001 825	59	2.671 811	4.249 988	0.111 954
106	0.002 796	0.004 142	54	2.542 208	4.236 692	0.102 467
107	0.001 101	0.000 644	47	2.640 744	4.104 146	0.089 184
111	0.016 23	0.021 167	16	2.372 256	3.835 247	0.030 361
116	0.013 471	0.015 841	58	2.580 727	4.437 836	0.110 057
117	0.001 963	0.005 174	56	2.553 643	4.316 508	0.106 262
……	……	……	……	……	……	……
251	0.000 782	0.001 852	63	2.648 957	4.220 798	0.119 545
256	0.000 652	0.000 358	43	2.570 988	4.231 196	0.081 594
257	0.011 943	0.084 848	11	1.466 448	2.438 597	0.020 873
258	0.003 701	0.005 104	53	2.747 225	4.315 375	0.100 569

259	0.011 385	0.013 984	70	2.810 692	4.562 71	0.132 827
260	0.002 419	0.006 001	17	2.370 605	3.766 144	0.032 258
270	0.002 817	0.002 582	59	2.610 39	4.402 089	0.111 954
271	0.006 974	0.004 909	72	2.969 973	4.645 721	0.136 622
273	0.017 085	0.007 701	70	3.028 053	4.667 901	0.132 827
274	0.081 492	0.036 578	74	3.119 56	4.833 621	0.140 417
278	0.091 016	0.033 993	74	3.119 56	4.833 621	0.140 417
279	0.003 549	0.002 895	67	2.738 392	4.735 456	0.127 135
280	0.008 003	0.007 281	71	2.959 652	4.615 94	0.134 725
281	0.015 76	0.006 881	74	3.036 149	4.702 478	0.140 417
287	0.010 241	0.005 948	83	3.055 21	4.809 352	0.157 495
288	0.042 687	0.018 827	80	3.139 686	4.895 285	0.151 803
299	0.014 666	0.013 373	65	2.808 375	4.806 346	0.123 34
300	0.014 094	0.008 472	74	2.941 761	4.535 96	0.140 417
302	0.001 47	0.002 258	42	2.569 049	4.219 244	0.079 696
303	0.001 362	0.006 025	51	2.538 42	4.345 212	0.096 774
304	0.004 599	0.005 047	62	2.740 595	4.755 529	0.117 647
305	0.013	0.007 487	66	2.803 752	4.799 697	0.125 237
306	0.005 265	0.009 144	63	2.745 011	4.724 145	0.119 545
318	0.010 559	0.012 344	16	2.421 151	4.033 263	0.030 361
353	0.190 295	0.041 823	50	3.006 672	4.388 961	0.094 877
381	0.043 035	0.028 71	52	2.862 655	4.381 96	0.098 672
三级因子求和	1.815 021	1.513 781		273.457 3	442.249 9	10.216 32
	MC_n	MC_3		MR_n	MR_3	MC_k
二级因子	0.016 806	0.014 016		2.532 012	4.094 906	0.094 596

附录 8:大明宫片区在 2012 年建筑遗产空间组群轴线属性值列表及二级因子计算

Ref	Choice [Norm]	Choice [Norm] R_3	Conne-ctivity	Integration [HH]	Integration [HH] R_3	C_k
0	0. 012 721	0. 005 563	183	5. 161 81	7. 037 08	0. 301 483
1	0. 009 797	0. 007 866	179	4. 887 511	6. 787 564	0. 294 893
2	0. 010 479	0. 006 005	177	5. 122 606	6. 949 117	0. 291 598
3	0. 010 577	0. 010 318	91	4. 228 693	5. 795 547	0. 149 918
4	0. 004 637	0. 004 643	85	4. 142 128	5. 729 719	0. 140 033
5	0. 009 481	0. 010 884	94	4. 250 902	5. 850 222	0. 154 86
6	0. 060 241	0. 047 852	176	4. 893 421	6. 834 422	0. 289 951
7	0. 004 74	0. 006 59	77	4. 054 969	5. 635 747	0. 126 853
8	0. 002 477	0. 001 849	56	3. 655 699	4. 964 272	0. 092 257
9	0. 003 409	0. 002 194	71	4. 042 816	5. 604 321	0. 116 969
10	7. 09E−05	6. 33E−05	26	2. 993 239	3. 713 842	0. 042 834
11	2. 73E−05	0. 000 295	25	2. 991 027	3. 708 755	0. 041 186
12	0. 011 036	0. 009 474	81	4. 083 612	5. 710 463	0. 133 443
13	0. 018 351	0. 021 359	73	4. 476 614	6. 179 737	0. 120 264
14	0. 000 693	0. 000 79	24	3. 314 381	4. 045 944	0. 039 539
15	0. 047 236	0. 040 546	88	4. 583 079	6. 448 978	0. 144 975
16	0. 009 541	0. 010 67	48	4. 296 029	5. 880 244	0. 079 077
19	0. 049 647	0. 034 85	58	4. 314 349	5. 563 16	0. 095 552
20	0. 088 88	0. 046 443	63	4. 583 079	6. 149 317	0. 103 789
⋯⋯	⋯⋯	⋯⋯	⋯⋯	⋯⋯	⋯⋯	⋯⋯

465	0. 006 448	0. 004 164	53	3. 639 262	4. 434 459	0. 087 315
466	0. 004 14	0. 002 168	55	3. 655 699	4. 443 956	0. 090 61
468	0. 001 184	0. 001 136	43	3. 500 743	4. 291 533	0. 070 84
474	0. 003 295	0. 002 244	43	3. 590 824	4. 426	0. 070 84
475	0. 004 79	0. 001 758	44	3. 594 013	4. 432 424	0. 072 488
476	0. 006 486	0. 005 384	64	3. 821 397	4. 663 198	0. 105 437
477	0. 296 413	0. 168 377	136	5. 432 025	6. 913 865	0. 224 053
479	0. 133 568	0. 103 876	138	5. 303 878	6. 885 678	0. 227 348
485	0. 000 333	0. 000 356	12	3. 284 788	4. 163 203	0. 019 769
486	0. 000 349	0. 000 447	13	3. 287 457	4. 169 473	0. 021 417
491	3. 82E−05	0. 000 137	116	4. 389 218	6. 117 824	0. 191 104
497	0. 144 664	0. 018 484	17	3. 655 699	4. 228 636	0. 028 007
498	0. 045 708	0. 012 21	109	4. 761 011	6. 169 567	0. 179 572
499	0. 019 889	0. 008 891	108	4. 614 434	6. 048 448	0. 177 924
502	0. 002 247	0. 002 361	164	4. 766 618	6. 503 623	0. 270 181
503	0. 000 251	0. 001 797	115	4. 384 462	6. 105 686	0. 189 456
504	0. 001 309	0. 002 291	129	4. 557 273	6. 511 222	0. 212 521
505	0. 003 999	0. 002 104	132	4. 572 722	6. 552 607	0. 217 463
506	0. 001 167	0. 002 493	146	3. 952 011	6. 689 941	0. 240 527
509	0. 003 317	0. 000 742	133	4. 811 961	6. 281 687	0. 219 11
512	0. 000 344	0. 000 744	135	4. 481 571	6. 357 987	0. 222 405
514	0. 017 254	0. 011 58	51	3. 668 956	4. 531 207	0. 084 02
519	0. 030 194	0. 018 822	135	4. 800 544	6. 671 074	0. 222 405
522	0. 031 132	0. 010 789	51	3. 668 956	4. 531 207	0. 084 02
541	0. 014 849	0. 005 547	13	3. 461 813	4. 128 267	0. 021 417
三级因子求和	2. 570 728	1. 850 355	35686	1393. 506	1980. 03	58. 790 77
	MC_n	MC_3		MR_n	MR_3	MC_k
二级因子	0. 007 473	0. 005 379		4. 050 889	5. 755 901	0. 170 903

附录 9：大雁塔、曲江池片区在 2000 年城市空间组群轴线属性值列表及二级因子计算

Ref	Choice [Norm]	Choice [Norm] R_3	Conne-ctivity	Integration [HH]	Integration [HH] R_3	C_k
0	0.074 7	0.043 542	16	1.587 583	2.812 278	0.022 955 524
1	0.000 767	0.012 411	6	1.310 572	2.307 359	0.008 608 321
2	0.020 708	0.043 34	5	1.311 292	2.207 101	0.007 173 601
3	0.015 537	0.057 143	5	1.125 332	1.862 822	0.007 173 601
4	0.006 601	0.113 636	5	1.026 878	1.891 249	0.007 173 601
5	0.029 905	0.190 244	6	0.951 601	2.173 709	0.008 608 321
6	0.013 924	0.128 023	5	0.992 734	2.020 944	0.007 173 601
7	0.024 013	0.093 333	4	1.126 128	1.679 492	0.005 738 881
8	0.024 991	0.020 266	5	1.309 495	1.974 022	0.007 173 601
9	0.008 554	0.008 163	4	1.294 941	1.875 475	0.005 738 881
10	0.024 577	0.017 218	5	1.562 655	2.752 817	0.007 173 601
11	0.024 125	0.061 287	11	1.332 878	2.843 792	0.015 781 923
12	0.001 074	0.023 497	9	1.265 775	2.502 733	0.012 912 482
13	0.075 115	0.060 606	10	1.293 888	2.574 615	0.014 347 202
14	0.007 265	0.052 91	3	1.032 426	1.621 111	0.004 304 161
15	0.064 193	0.082 452	7	1.081 756	2.103 643	0.010 043 042
16	0.006 033	0.085 714	7	0.982 323	2.105 799	0.010 043 042
17	0.001 936	0.032 086	5	0.981 112	1.934 525	0.007 173 601
18	0.043	0.110 924	5	1.005 48	1.976 872	0.007 173 601

19	0. 033 243	0. 072 009	5	0. 978 7	2. 135 531	0. 007 173 601
20	0. 088 5	0. 184 028	12	1. 019 427	2. 553 632	0. 017 216 643
……	……	……	……	……	……	……
674	0. 000 502	0	4	1. 371 136	2. 128 511	0. 005 738 881
675	0. 002 513	0. 002 063	8	1. 390 29	2. 689 408	0. 011 477 762
676	0. 000 821	0. 025 605	3	1. 158 631	1. 760 177	0. 004 304 161
677	0. 000 581	0. 002 456	4	1. 371 136	2. 128 511	0. 005 738 881
678	0. 006 817	0. 011 052	6	1. 434 545	2. 977 069	0. 008 608 321
679	0. 000 676	0. 011 396	2	1. 279 678	1. 435 087	0. 002 869 44
680	0. 005 594	0. 005 671	3	1. 539 986	2. 379 339	0. 004 304 161
681	0. 004 184	0. 076 923	2	1. 143 926	1. 040 526	0. 002 869 44
682	0. 009 844	0. 007 405	2	1. 367 994	2. 052 865	0. 002 869 44
683	0. 015 342	0. 035 577	5	1. 216 15	2. 110 591	0. 007 173 601
684	0	0	1	1. 033 543	1. 098 308	0. 001 434 72
685	0. 002 061	0. 088 235	2	1. 034 887	1. 290 615	0. 002 869 44
686	0. 004 113	0. 002 358	4	1. 581 8	2. 633 251	0. 005 738 881
687	0. 000 485	0. 166 667	2	0. 985 565	0. 916 667	0. 002 869 44
688	4. 15E−05	0. 013 445	3	1. 291 091	1. 937 335	0. 004 304 161
689	0. 001 02	0. 004 247	6	1. 540 979	2. 411 726	0. 008 608 321
690	0. 000 162	0. 000 57	7	1. 567 269	2. 573 857	0. 010 043 042
691	0. 007 344	0. 001 532	9	1. 692 784	2. 895 045	0. 012 912 482
692	0. 007 472	0. 002 562	10	1. 696 391	2. 932 422	0. 014 347 202
693	0. 047 324	0. 014 246	12	1. 840 862	3. 354 087	0. 017 216 643
694	0. 100 097	0. 015 561	14	1. 877 766	3. 510 835	0. 020 086 083
695	0. 321 203	0. 032 751	17	1. 979 708	3. 612 113	0. 024 390 244
三级因子求和	11. 751 99	32. 878 36		854. 403 6	1610. 422	7. 649 928 264
	MC_n	MC_3		MR_n	MR_3	MC_k
二级因子	0. 016 909	0. 047 307		1. 229 358	2. 317 154	0. 011 007 091

附录 10：大雁塔、曲江池片区在 2012 年城市空间组群轴线属性值列表及二级因子计算

Ref	Choice [Norm]	Choice [Norm] R₃	Conne-ctivity	Integration [HH]	Integration [HH] R₃	C$_k$
0	0.026 014	0.029 4	9	1.368 122	2.379 122	0.021 378
1	0.032 367	0.024 242	7	1.614 077	2.805 779	0.016 627
2	0.000 75	0.012 128	6	1.369 572	2.262 725	0.014 252
3	0.152 699	0.148 205	34	2.128 19	3.825 034	0.080 76
4	0.003 796	0.014 257	6	1.684 529	2.768 281	0.014 252
5	0.007 171	0.025 356	7	1.677 97	2.749 975	0.016 627
6	0.021 991	0.022 73	6	1.856 246	2.844 119	0.014 252
7	0.005 626	0.011 105	2	1.636 551	1.953 404	0.004 751
8	0.010 297	0.008 621	6	1.925 355	2.244 436	0.014 252
9	0.022 98	0.007 504	9	2.383 181	2.999 693	0.021 378
10	0.001 625	0.001 937	5	1.845 647	2.560 742	0.011 876
11	0.040 732	0.022 471	12	2.021 698	2.932 461	0.028 504
12	0.009 922	0.047 059	4	1.536 394	2.072 951	0.009 501
13	0.010 433	0.025 098	3	1.533 66	1.998 025	0.007 126
14	0.001 08	0.058 48	2	1.232 484	1.282 979	0.004 751
15	0.000 148	0.222 222	3	1.173 208	1.105 854	0.007 126
16	0.000 421	0.019 048	4	1.238 98	1.5	0.009 501
17	0.001 466	0.064 615	5	1.425 442	1.685 716	0.011 876
18	0.002 318	0.015 873	3	1.428 592	1.515 387	0.007 126
19	0.006 183	0.010 582	3	1.428 592	1.515 387	0.007 126
20	0.027 299	0.010 675	5	1.850 931	2.581 556	0.011 876

......	......	......	......	......	......	......
397	0. 001 352	0. 011 679	13	1. 921 063	3. 205 478	0. 030 879
398	0. 003 08	0. 004 214	31	2. 503 147	3. 793 107	0. 073 634
399	0. 000 58	0. 000 618	10	1. 810 75	2. 609 849	0. 023 753
400	0. 000 25	0. 001 832	8	1. 850 931	2. 839 821	0. 019 002
401	0. 050 926	0. 017 836	17	2. 409 833	3. 415 104	0. 040 38
402	0. 005 387	0. 004 246	13	1. 975 364	3. 009 801	0. 030 879
403	0. 000 807	0. 000 219	10	1. 784 507	2. 587 541	0. 023 753
404	0. 000 125	0	5	2. 172 9	3. 017 38	0. 011 876
405	6. 82E−05	0. 000 679	4	1. 999 808	2. 822 383	0. 009 501
406	0. 002 012	0. 003 614	9	2. 387 582	3. 526 475	0. 021 378
407	3. 41E−05	0. 000 114	11	2. 367 904	3. 447 742	0. 026 128
408	2. 27E−05	0. 000 499	8	1. 595 158	2. 733 575	0. 019 002
409	0. 002 489	0. 009 992	11	1. 881 915	2. 998 54	0. 026 128
410	0. 000 102	0	9	1. 595 158	2. 733 575	0. 021 378
411	0. 001 33	0. 003 767	10	1. 880 546	2. 979 799	0. 023 753
412	0. 000 659	0. 000 405	4	1. 898 496	2. 650 669	0. 009 501
413	0. 008 796	0. 003 679	5	2. 004 458	2. 705 013	0. 011 876
414	0. 000 364	0. 002 463	2	1. 514 793	1. 469 023	0. 004 751
415	2. 27E−05	7. 59E−05	11	2. 363 575	3. 428 373	0. 026 128
416	1. 14E−05	0	11	2. 363 575	3. 428 373	0. 026 128
417	0. 002 466	0. 001 861	11	2. 367 904	3. 447 742	0. 026 128
418	0. 105 467	0. 021 188	9	2. 527 616	3. 555 007	0. 021 378
419	0. 001 705	0. 001 189	2	1. 766 223	2. 292 922	0. 004 751
420	0	0. 000 133	3	1. 832 566	2. 537 895	0. 007 126
三级因子求和	5. 989 158	7. 470 077		941. 871 2	1319. 152	16. 494 06
	MC_n	MC_3		MR_n	MR_3	MC_k
二级因子	0. 014 226	0. 017 744		2. 237 224	3. 133 377	0. 039 178

附录 11：大雁塔、曲江池片区 2000 年建筑遗产空间组群轴线属性值列表及二级因子计算

Ref	Choice [Norm]	Choice [Norm] R₃	Conne-ctivity	Integration [HH]	Integration [HH] R₃	C_k
250	0. 095 126	0. 078 281	40	1. 742 172	3. 855 054	0. 057 388 809
262	0. 045 529	0. 039 578	28	1. 625 395	3. 687 407	0. 040 172 166
272	0. 120 971	0. 010 744	14	1. 683 834	3. 256 097	0. 020 086 083
280	0. 241 884	0. 088 64	38	1. 928 557	4. 202 319	0. 054 519 369
281	0. 018 954	0. 017 042	32	1. 752 398	3. 725 599	0. 045 911 047
282	0. 019 754	0. 009 938	35	1. 756 909	3. 764 458	0. 050 215 208
283	0. 015 019	0. 007 075	35	1. 705 475	3. 755 246	0. 050 215 208
284	0. 004 814	0. 003 171	32	1. 700 618	3. 690 757	0. 045 911 047
291	0. 072 834	0. 069 335	36	1. 677 919	3. 861 153	0. 051 649 928
293	0. 004 914	0. 001 131	30	1. 701 83	3. 676 538	0. 043 041 607
294	0. 019 302	0. 017 522	30	1. 650 669	3. 763 252	0. 043 041 607
295	0. 058 151	0. 035 241	23	1. 691 585	3. 567 727	0. 032 998 565
306	0. 001 584	0. 001 809	31	1. 667 377	3. 659 714	0. 044 476 327
307	0. 003 338	0. 003 651	27	1. 663 313	3. 603 138	0. 038 737 446
323	0. 010 76	0. 013 518	21	1. 630 944	3. 500 531	0. 030 129 125
326	0. 000 767	0. 001 249	28	1. 665 633	3. 624 411	0. 040 172 166
334	0. 001 198	0. 005 216	20	1. 632 617	3. 459 563	0. 028 694 405
336	0. 090 527	0. 071 615	33	1. 688 595	3. 822 931	0. 047 345 768
339	0. 001 227	0. 001 698	21	1. 538 498	3. 368 65	0. 030 129 125
342	0. 003 715	0. 003 888	22	1. 539 986	3. 378 562	0. 031 563 845
364	0. 004 632	0. 011 428	21	1. 520 381	3. 288 473	0. 030 129 125
365	0. 004 329	0. 011 337	20	1. 519 897	3. 273 106	0. 028 694 405

384	0. 001 708	0. 002 173	29	1. 641 029	3. 541 377	0. 041 606 887
400	0. 069 351	0. 022 277	29	1. 695 788	3. 674 258	0. 041 606 887
401	0. 038 691	0. 016 968	28	1. 667 96	3. 589 262	0. 040 172 166
405	0. 025 568	0. 018 181	31	1. 661 578	3. 618 548	0. 044 476 327
406	0. 009 292	0. 006 538	28	1. 652 954	3. 547 664	0. 040 172 166
426	0. 004 25	0. 008 775	28	1. 653 526	3. 558 999	0. 040 172 166
427	0. 007 655	0. 005 609	27	1. 628 72	3. 543 244	0. 038 737 446
442	0. 019 854	0. 011 318	28	1. 636 532	3. 591 433	0. 040 172 166
466	0. 017 959	0. 025 218	26	1. 614 955	3. 509 579	0. 037 302 726
501	0. 019 762	0. 047 982	11	1. 504 105	3. 063 982	0. 015 781 923
505	0. 005 399	0. 014 432	27	1. 562 655	3. 667 994	0. 038 737 446
506	0. 007 223	0. 006 896	28	1. 658 693	3. 606 924	0. 040 172 166
507	0. 123 372	0. 053 962	34	1. 823 992	4. 124 919	0. 048 780 488
592	0. 002 874	0. 017 228	7	1. 388 27	2. 389 615	0. 010 043 042
626	0. 002 322	0. 003 675	4	1. 519 897	2. 849 584	0. 005 738 881
627	0. 003 002	0. 009 468	4	1. 455 083	2. 972 321	0. 005 738 881
630	0. 004 275	0. 007 606	5	1. 535 531	2. 907 557	0. 007 173 601
639	0. 020 55	0. 026 245	23	1. 658 117	3. 667 074	0. 032 998 565
642	0. 244 078	0. 153 658	51	1. 801 296	4. 360 809	0. 073 170 732
647	0. 040 08	0. 020 157	10	1. 680 871	3. 283 314	0. 014 347 202
649	0. 040 367	0. 019 185	10	1. 680 871	3. 283 314	0. 014 347 202
650	0. 002 538	0. 008 573	6	1. 518 93	3. 058 565	0. 008 608 321
651	0. 002 998	0. 004 838	6	1. 518 93	3. 058 565	0. 008 608 321
661	0. 008 401	0. 032 258	9	1. 442 342	2. 690 074	0. 012 912 482
662	0. 000 286	0. 025 61	3	1. 256 784	1. 844 359	0. 004 304 161
三级因子求和	1. 561 184	1. 071 935		76. 544 01	162. 788	1. 591 104 735
	MC_n	MC_3		MR_n	MR_3	MC_k
二级因子	0. 033 217	0. 022 807		1. 628 596	3. 463 575	0. 033 853 292

附录 12：大雁塔、曲江池片区 2012 年建筑遗产空间组群轴线属性值列表及二级因子计算

Ref	Choice [Norm]	Choice [Norm] R₃	Conne-ctivity	Integration [HH]	Integration [HH] R₃	Cₖ
3	0.152 699	0.148 205	34	2.128 19	3.825 034	0.080 76
10	0.001 625	0.001 937	5	1.845 647	2.560 742	0.011 876
11	0.040 732	0.022 471	12	2.021 698	2.932 461	0.028 504
40	0.007 103	0.006 403	14	2.058 719	3.048 487	0.033 254
44	0.001 716	0.003 137	9	2.010 693	2.869 328	0.021 378
45	0.007 774	0.011 234	15	2.066 947	3.081 593	0.035 629
49	0.000 625	0.003 681	7	1.985 984	2.787 006	0.016 627
50	0.305 785	0.162 135	88	3.747 465	5.599 367	0.209 026
51	0.114 615	0.049 004	45	3.306 587	4.489 484	0.106 888
53	0.012 388	0.010 545	15	2.062 002	3.069 584	0.035 629
57	0.045 267	0.018 284	16	2.374 427	3.347 279	0.038 005
58	0.037 084	0.013 603	19	2.619 809	3.389 647	0.045 131
59	5.68E−05	0	4	1.854 915	2.598 721	0.009 501
60	0.091 829	0.049 616	33	2.863 512	3.766 927	0.078 385
74	0.021 059	0.010 221	9	2.493 492	3.601 357	0.021 378
75	0.000 295	0.000 653	7	1.970 847	2.725 238	0.016 627
76	0.002 273	0.005 357	9	1.985 984	2.794 8	0.021 378
77	0.003 182	0.005 241	8	1.970 847	2.747 661	0.019 002
78	0.166 087	0.062 96	21	2.801 464	3.998 456	0.049 881
……	……	……	……	……	……	……

387	0. 000 966	0. 001 173	18	2. 687 891	3. 787 803	0. 042 755
388	0. 037 561	0. 037 307	73	3. 498 987	5. 127 676	0. 173 397
389	0. 078 145	0. 040 325	74	3. 672 942	5. 248 483	0. 175 772
390	0. 047 869	0. 036 325	74	3. 667 732	5. 233 782	0. 175 772
391	0. 001 011	0. 013 41	14	1. 921 063	3. 254 698	0. 033 254
393	0. 017 741	0. 028 993	19	1. 948 569	3. 460 52	0. 045 131
395	0. 001 046	0. 000 484	41	2. 925 058	4. 217 122	0. 097 387
396	0. 001 705	0. 001 658	42	2. 813 657	4. 202 802	0. 099 762
397	0. 001 352	0. 011 679	13	1. 921 063	3. 205 478	0.·030 879
398	0. 003 08	0. 004 214	31	2. 503 147	3. 793 107	0. 073 634
399	0. 000 58	0. 000 618	10	1. 810 75	2. 609 849	0. 023 753
400	0. 000 25	0. 001 832	8	1. 850 931	2. 839 821	0. 019 002
401	0. 050 926	0. 017 836	17	2. 409 833	3. 415 104	0. 040 38
402	0. 005 387	0. 004 246	13	1. 975 364	3. 009 801	0. 030 879
403	0. 000 807	0. 000 219	10	1. 784 507	2. 587 541	0. 023 753
406	0. 002 012	0. 003 614	9	2. 387 582	3. 526 475	0. 021 378
407	3. 41E—05	0. 000 114	11	2. 367 904	3. 447 742	0. 026 128
408	2. 27E—05	0. 000 499	8	1. 595 158	2. 733 575	0. 019 002
409	0. 002 489	0. 009 992	11	1. 881 915	2. 998 54	0. 026 128
410	0. 000 102	0	9	1. 595 158	2. 733 575	0. 021 378
411	0. 001 33	0. 003 767	10	1. 880 546	2. 979 799	0. 023 753
415	2. 27E—05	7. 59E—05	11	2. 363 575	3. 428 373	0. 026 128
416	1. 14E—05	0	11	2. 363 575	3. 428 373	0. 026 128
417	0. 002 466	0. 001 861	11	2. 367 904	3. 447 742	0. 026 128
三级因子求和	4. 178 861	2. 710 176		603. 940 4	856. 203 9	13. 429 93
	MC_n	MC_3		MR_n	MR_3	MC_k
二级因子	0. 017 782	0. 011 533		2. 569 959	3. 643 421	0. 057 149

附录 13：唐城墙遗址—唐延路片区 2000 年城市空间组群轴线属性值列表及二级因子计算

Ref	Choice [Norm]	Choice [Norm] R₃	Conne- ctivity	Integration [HH]	Integration [HH] R₃	C_k
0	0.012 539	0.012 162	13	2.149 59	3.115 658	0.026
1	0.003 276	0.017 529	16	1.900 232	3.021 838	0.032
2	0.048 708	0.051 462	22	2.100 125	3.359 73	0.044
3	0.007 509	0.007 423	8	2.052 886	2.924 062	0.016
4	0.833 828	0.121 047	28	2.657 48	3.886 805	0.056
5	0.169 544	0.031 226	15	2.525 131	3.466 683	0.03
6	0.000 781	0.000 842	4	1.826 353	2.377 951	0.008
7	0.000 974	0.002 314	4	1.826 353	2.377 951	0.008
8	0.002 905	0.007 339	14	1.878 995	2.944 431	0.028
9	0.000 483	0.000 419	4	1.990 212	2.720 058	0.008
10	0.001 095	0.038 647	11	1.568 135	2.430 477	0.022
11	0.002 254	0.002 962	7	1.593 957	2.452 538	0.014
12	0.002 173	0.054 106	11	1.568 135	2.430 477	0.022
13	0.003 477	0.001 752	6	2.046 31	2.855 525	0.012
14	0.019 581	0.008 276	13	2.050 251	2.961 428	0.026
15	0.003 276	0.019 846	17	1.901 363	3.039 613	0.034
16	0.003 75	0.016 43	11	1.860 391	2.683 638	0.022
17	0.000 201	0.002 899	6	1.564 295	2.240 596	0.012
18	0.006 237	0.007 165	11	2.020 424	2.885 538	0.022
19	0.096 192	0.017 568	20	2.549 314	3.489 591	0.04

20	0. 001 006	0. 001 683	4	1. 826 353	2. 377 951	0. 008
……	……	……	……	……	……	……
477	0. 023 01	0. 185 714	6	0. 948 705	2. 045 455	0. 012
478	0. 007 928	0. 180 952	6	0. 948 705	2. 045 455	0. 012
479	0. 005 859	0. 065 934	3	0. 827 108	1. 307 639	0. 006
480	0	0	2	0. 732 972	0. 861 966	0. 004
481	8. 85E−05	0. 075	3	0. 828 18	1. 393 829	0. 006
482	0. 003 903	0. 082 251	3	1. 072 269	1. 511 08	0. 006
483	0. 000 137	0. 029 412	3	0. 930 466	1. 402 843	0. 006
484	0. 001 513	0. 088 235	3	0. 930 737	1. 466 608	0. 006
485	0. 035 235	0. 051 531	10	1. 446 035	2. 896 907	0. 02
486	0. 026 72	0. 042 237	6	1. 705 441	2. 450 986	0. 012
487	0. 007 082	0. 025 605	5	1. 434 347	1. 948 768	0. 01
488	0. 000 99	0. 030 303	2	1. 379 823	1. 709 399	0. 004
489	0. 008 016	0. 018 501	2	1. 180 884	1. 825 023	0. 004
490	0. 015 09	0. 044 097	7	1. 435 636	2. 020 944	0. 014
491	0. 015 469	0. 320 346	7	1. 213 175	2. 014 773	0. 014
492	0. 002 648	0. 013 333	3	0. 938 393	1. 588 708	0. 006
493	0	0	1	0. 997 281	0. 824 669	0. 002
494	0. 000 757	0. 04	3	0. 938 393	1. 588 708	0. 006
495	0. 005 167	0. 016 807	3	1. 081 71	1. 729 763	0. 006
496	0. 035 308	0. 085 02	6	1. 086 124	1. 987 618	0. 012
497	8. 05E−06	0. 001 422	3	1. 260 572	1. 705 172	0. 006
498	0. 002 141	0. 043 956	3	0. 827 108	1. 307 639	0. 006
499	0. 000 145	0. 003 63	3	1. 186 586	2. 004 048	0. 006
三级因子求和	8. 359 901	12. 996 66		813. 301 5	1334. 843	10. 192
	MC_n	MC_3		MR_n	MR_3	MC_k
二级因子	0. 016 72	0. 025 993		1. 626 603	2. 669 686	0. 020 384

附录 14：唐城墙遗址—唐延路片区 2012 年城市空间组群轴线属性值列表及二级因子计算

Ref	Choice [Norm]	Choice [Norm] R₃	Connectivity	Integration [HH]	Integration [HH] R₃	C_k
0	0.004 103	0.013 59	5	2.196 033	2.610 289	0.016 722
1	0.002 676	0.002 856	10	2.370 127	2.886 51	0.033 445
2	0.318 751	0.108 241	25	3.728 931	4.325 029	0.083 612
3	0.001 806	0.001 323	4	2.266 119	2.869 821	0.013 378
4	0.010 1	0.003 855	9	3.032 245	3.573 008	0.030 1
5	0.243 434	0.125 891	37	3.618 093	4.380 128	0.123 746
6	0.006 399	0.001 075	4	2.266 119	2.869 821	0.013 378
7	0.002 096	0.004 797	3	2.263 11	2.858 783	0.010 033
8	0.001 962	0.002 517	8	2.513 454	3.190 869	0.026 756
9	0.078 528	0.070 378	22	3.144 136	4.126 186	0.073 579
10	0.053 133	0.042 334	15	2.830 767	3.773 399	0.050 167
11	0.001 249	0.011 058	4	1.692 276	2.018 826	0.013 378
12	0.292 174	0.139 48	40	3.602 794	4.372 178	0.133 779
13	0.003 991	0.019 026	6	1.782 554	2.365 734	0.020 067
14	0.004 593	0.001 536	10	2.775 442	3.267 477	0.033 445
15	0.001 806	0.012 072	4	1.771 436	2.277 942	0.013 378
16	0.047 068	0.037 581	21	2.547 267	3.319 394	0.070 234
17	0.025 708	0.017 662	17	2.441 435	3.100 347	0.056 856
18	0.001 828	0.003 133	8	2.038 423	2.665 781	0.026 756

19	0. 002 185	0. 001 163	11	2. 179 184	2. 826 145	0. 036 789
20	0. 000 557	0. 002 807	2	1. 724 82	2. 112 86	0. 006 689
......	......	......	......	......	......	......
280	0. 020 446	0. 011 536	7	2. 187 576	2. 610 289	0. 023 411
281	0. 001 672	0. 017 46	2	1. 597 115	1. 681 938	0. 006 689
282	0. 002 542	0. 000 748	3	2. 585 921	3. 034 668	0. 010 033
283	0. 005 128	0. 004 865	6	2. 281 287	2. 714 557	0. 020 067
284	0. 001 159	0. 020 513	3	1. 573 52	1. 780 203	0. 010 033
285	0. 001 405	0. 004 808	2	1. 874 721	1. 934 709	0. 006 689
286	0. 019 443	0. 009 346	9	2. 506 061	3. 050 22	0. 030 1
287	0. 010 412	0. 029 69	4	1. 577 89	1. 770 222	0. 013 378
288	0. 004 326	0. 001 357	4	2. 726 595	3. 045 594	0. 013 378
289	4. 46E—05	0. 009 957	5	1. 641 736	1. 760 177	0. 016 722
290	0. 001 115	0. 000 655	5	2. 170 856	2. 549 561	0. 016 722
291	0. 001 115	0. 004 665	4	2. 170 856	2. 539 156	0. 013 378
292	0. 001 249	0. 000 491	5	2. 170 856	2. 549 561	0. 016 722
293	0. 002 72	0. 002 362	6	2. 284 345	2. 707 398	0. 020 067
294	0. 054 916	0. 015 984	9	2. 605 691	3. 075 087	0. 030 1
295	0. 020 067	0. 006 256	10	2. 539 675	3. 076 135	0. 033 445
296	0. 001 628	0. 001 789	8	2. 506 061	2. 987 76	0. 026 756
297	0. 151 171	0. 043 796	24	3. 367 829	3. 656 591	0. 080 268
298	0. 213 4	0. 056 289	28	3. 456 636	3. 716 688	0. 093 645
299	0. 013 356	0. 008 229	7	2. 260 108	2. 690 88	0. 023 411
300	0	0	1	1. 618 349	1. 562 367	0. 003 344
三级因子求和	5. 403 88	4. 506 977		662. 973 4	845. 490 3	9. 551 839
	MC_n	MC_3		MR_n	MR_3	MC_k
二级因子	0. 018 073	0. 015 074		2. 217 302	2. 827 727	0. 031 946

附录 15：唐城墙遗址——唐延路片区在 2000 年建筑遗产空间组群轴线属性值列表及二级因子计算

Ref	Choice [Norm]	Choice [Norm] R₃	Conne-ctivity	Integration [HH]	Integration [HH] R₃	C_k
48	0.003 533	0.015 481	8	1.732 262	2.541 07	0.016
49	8.85E—05	0.001 933	4	1.739 81	2.476 842	0.008
50	0.223 266	0.165 625	40	2.374 937	4.767 865	0.08
183	0.094 277	0.047 661	19	2.235 333	3.235 248	0.038
187	0.057 682	0.018 846	19	2.309 682	3.238 667	0.038
190	0.084 361	0.040 63	22	2.511 235	3.847 495	0.044
319	0.018 165	0.007 146	19	2.249 5	3.642 489	0.038
320	0.003 984	0.003 534	13	2.148 144	3.435 611	0.026
321	0.060 209	0.024 222	30	2.233 77	3.842 534	0.06
324	0.039 082	0.016 107	22	2.244 758	3.509 26	0.044
325	0.014 398	0.013 63	18	2.098 745	3.196 328	0.036
327	0.010 889	0.004 079	17	2.243 182	3.604 147	0.034
328	0.029 77	0.022 322	28	2.017 871	3.708 439	0.056
333	0.040 933	0.009 136	19	2.275 136	3.651 457	0.038
338	0.079 782	0.018 639	21	2.341 855	3.684 292	0.042
343	0.073 673	0.013 132	21	2.304 683	3.516 541	0.042
349	0.010 447	0.014 581	10	1.760 91	2.705 314	0.02
370	0.010 688	0.007 15	15	2.199 925	3.406 748	0.03
394	0.029 239	0.012 19	11	2.026 834	3.055 896	0.022

425	0.008 362	0.010 796	10	1.754 141	2.674 742	0.02
456	0.068 684	0.021 606	16	1.991 453	3.513 77	0.032
三级因子求和	0.961 513	0.488 446		44.794 17	71.254 75	0.764
	MC_n	MC_3		MR_n	MR_3	MC_k
二级因子	0.045 786	0.023 259		2.133 055	3.393 083	0.036 381

附录 16:唐城墙遗址——唐延路片区在 2012 年建筑遗产空间组群轴线属性值列表及二级因子计算

Ref	Choice [Norm]	Choice [Norm] R₃	Conne-ctivity	Integration [HH]	Integration [HH] R₃	Ck
0	0.004 103	0.013 59	5	2.196 033	2.610 289	0.016 722
2	0.318 751	0.108 241	25	3.728 931	4.325 029	0.083 612
105	0.132 04	0.069 033	22	3.087 177	4.017 402	0.073 579
186	0.014 448	0.009 565	10	2.784 513	3.238 275	0.033 445
187	0.009 164	0.009 205	6	2.570 319	3.068 865	0.020 067
226	0.015 808	0.007 88	10	2.789 07	3.358 147	0.033 445
238	0.031 505	0.011 895	9	2.629 818	3.131 966	0.030 1
250	0.018 439	0.011 89	9	2.633 882	3.201 953	0.030 1
251	0.229 253	0.059 129	23	3.245 946	3.613 657	0.076 923
262	0.008 406	0.004 784	8	2.761 948	3.285 788	0.026 756
272	0.016 41	0.006 441	5	2.744 157	3.071 123	0.016 722
274	0.003 523	0.005 338	4	2.263 11	2.636 25	0.013 378
278	0.011 059	0.008 3	9	2.629 818	3.131 966	0.030 1
280	0.020 446	0.011 536	7	2.187 576	2.610 289	0.023 411
282	0.002 542	0.000 748	3	2.585 921	3.034 668	0.010 033
283	0.005 128	0.004 865	6	2.281 287	2.714 557	0.020 067
286	0.019 443	0.009 346	9	2.506 061	3.050 22	0.030 1
288	0.004 326	0.001 357	4	2.726 595	3.045 594	0.013 378
290	0.001 115	0.000 655	5	2.170 856	2.549 561	0.016 722
291	0.001 115	0.004 665	4	2.170 856	2.539 156	0.013 378

292	0. 001 249	0. 000 491	5	2. 170 856	2. 549 561	0. 016 722
293	0. 002 72	0. 002 362	6	2. 284 345	2. 707 398	0. 020 067
294	0. 054 916	0. 015 984	9	2. 605 691	3. 075 087	0. 030 1
295	0. 020 067	0. 006 256	10	2. 539 675	3. 076 135	0. 033 445
296	0. 001 628	0. 001 789	8	2. 506 061	2. 987 76	0. 026 756
297	0. 151 171	0. 043 796	24	3. 367 829	3. 656 591	0. 080 268
298	0. 213 4	0. 056 289	28	3. 456 636	3. 716 688	0. 093 645
299	0. 013 356	0. 008 229	7	2. 260 108	2. 690 88	0. 023 411
三级因 子求和	1. 325 53	0. 493 66		73. 885 07	86. 694 85	0. 936 455
	MC_n	MC_3		MR_n	MR_3	MC_k
二级 因子	0. 047 34	0. 017 631		2. 638 753	3. 096 245	0. 033 445

附录 17：大雁塔、曲江池片区虚拟优化后城市空间组群轴线属性值列表及二级因子计算

Ref	Choice [Norm]	Choice [Norm] R₃	Conne-ctivity	Integration [HH]	Integration [HH] R₃	C_k
0	0.070 294	0.016 624	10	1.360 67	2.376 862	0.025
1	0.083 576	0.022 395	8	1.767 16	2.803 771	0.02
2	0.014 244	0.009 825	7	1.648 259	2.262 591	0.017 5
3	0.270 485	0.130 78	35	2.332 034	4.024 327	0.087 5
4	0.049 724	0.010 49	6	2.090 978	2.857 333	0.015
5	0.123 755	0.015 095	13	2.733 039	3.456 939	0.032 5
6	0.061 97	0.016 341	8	2.225 149	2.963 588	0.02
7	0.007 362	0.006 332	5	1.865 953	2.000 114	0.012 5
8	0.018 388	0.006 339	9	2.197 678	2.466 539	0.022 5
9	0.052 943	0.007 797	12	2.730 245	3.104 996	0.03
10	0.001 887	0.001 789	8	2.052 405	2.550 487	0.02
11	0.123 94	0.022 004	15	2.257 125	2.929 617	0.037 5
12	0.029 598	0.044 706	7	1.705 095	2.072 951	0.017 5
13	0.032 187	0.025 098	6	1.701 835	1.998 025	0.015
14	0.003 478	0.058 48	5	1.362 336	1.282 979	0.012 5
15	0.000 777	0.222 222	6	1.294 946	1.105 854	0.015
16	0.001 554	0.023 81	7	1.370 025	1.5	0.017 5
17	0.003 7	0.058 462	8	1.577 188	1.685 716	0.02
18	0.019 904	0.018 519	6	1.580 923	1.515 387	0.015
19	0.006 548	0.007 937	6	1.580 923	1.515 387	0.015

20	0. 084 427	0. 011 164	8	2. 058 735	2. 571 639	0. 02
……	……	……	……	……	……	……
377	0. 001 368	0. 002 724	30	2. 174 163	3. 683 38	0. 075
378	0. 000 257	0. 001 616	13	1. 106 128	2. 595 346	0. 032 5
379	5. 78E−05	0. 001 835	11	1. 353 004	2. 804 22	0. 027 5
380	0. 020 869	0. 021 326	19	2. 210 562	3. 420 115	0. 047 5
381	0. 002 28	0. 004 832	16	1. 454 457	2. 993 798	0. 04
382	0. 000 437	0. 003 651	13	1. 282 258	2. 572 72	0. 032 5
383	0. 000 135	0. 001 075	7	2. 163 49	2. 928 13	0. 017 5
384	3. 85E−05	0. 001 06	7	2. 027 933	2. 772 908	0. 017 5
385	0. 000 906	0. 003 89	12	1. 422 591	3. 530 786	0. 03
386	3. 85E−05	4. 27E−05	14	1. 398 652	3. 435 802	0. 035
387	4. 50E−05	0. 001 289	11	1. 086 559	2. 731 312	0. 027 5
388	0. 000 919	0. 007 918	14	1. 878 82	2. 974 827	0. 035
389	4. 50E−05	0. 005 155	12	1. 586 559	2. 731 312	0. 03
390	0. 000 629	0. 003 726	13	1. 477 367	2. 957 014	0. 032 5
391	0. 000 251	0. 001 327	7	1. 880 276	2. 622 147	0. 017 5
392	0. 004 483	0. 004 999	8	2. 045 018	2. 693 742	0. 02
393	0. 000 173	0. 002 463	5	1. 533 44	1. 469 023	0. 012 5
394	5. 14E−05	0	14	2. 393 921	3. 415 104	0. 035
395	1. 93E−05	8. 53E−05	14	1. 393 921	3. 415 104	0. 035
396	0. 001 471	0. 002 603	14	2. 398 652	3. 435 802	0. 035
397	0. 038 436	0. 017 385	11	1. 515 477	3. 474 033	0. 027 5
398	0. 000 938	0. 001 68	5	1. 799 434	2. 266 492	0. 012 5
399	6. 42E−06	0	6	1. 865 823	2. 472 412	0. 015
三级因子求和	6. 326 439	6. 214 181		898. 344 5	1283. 09	19. 75
	MC_n	MC_3		MR_n	MR_3	MC_k
二级因子	0. 015 816	0. 015 535		2. 245 861	3. 207 724	0. 049 375

附录 18: 大雁塔、曲江池片区虚拟优化后建筑遗产空间组群轴线属性值列表及二级因子计算

Ref	Choice [Norm]	Choice [Norm] R₃	Conne-ctivity	Integration [HII]	Integration [HH] R₃	Ck
50	0.342 527	0.175 594	85	3.840 879	5.410 529	0.779 817
51	0.093 223	0.049 902	48	3.395 015	4.439 633	0.440 367
81	0.104 067	0.079 466	74	3.612 256	5.130 376	0.678 899
88	0.003 4	0.015 78	7	1.783 568	2.526 573	0.064 22
98	0.010 176	0.008 913	7	2.038 149	2.800 755	0.064 22
100	0.004 584	0.005 305	20	2.667 512	3.679 617	0.183 486
101	0.017 204	0.017 415	13	2.305 257	3.234 465	0.119 266
104	0.000 542	0.000 539	21	2.647 149	3.634 871	0.192 661
105	0.000 353	0.000 634	20	2.697 151	3.713 733	0.183 486
......	......	......	......	......	......	......
376	0.000 819	0.003 857	13	1.915 892	3.160 039	0.119 266
378	0.000 504	0.001 616	10	1.806 128	2.595 346	0.091 743
379	0.000 113	0.001 835	8	1.853 004	2.804 22	0.073 394
381	0.004 471	0.004 832	13	1.954 457	2.993 798	0.119 266
382	0.000 856	0.003 651	10	1.782 258	2.572 72	0.091 743
三级因子求和	2.712 924	1.692 04		305.383 6	434.45	32.862 39
	MC_n	MC_3		MR_n	MR_3	MC_k
二级因子	0.024 889	0.015 523		2.801 684	3.985 78	0.301 49

主要参考文献

中文文献

一、书籍

[1] 褚瑞基. 卡洛·斯卡帕:空间中流动的诗性. 香港:香港书联城市文化,2010

[2] 罗小未. 外国近现代建筑史. 北京:中国建筑工业出版社,2004

[3] 中国科学院自然科学史研究所. 中国古代建筑技术史. 北京:科学出版社,1985

[4] 卡米诺·西特. 城市建设艺术. 仲德崑,译. 南京:东南大学出版社,1990

[5] 段进,邱国潮. 国外城市形态学概论. 南京:东南大学出版社,2009

[6] R J Johnston. 人文地理学词典. 柴彦威,等,译. 北京:商务印书馆,2004

[7] 段进,比尔·希列尔. 空间研究 3:空间句法与城市规划. 南京:东南大学出版社,2007

[8] 段进. 城市空间发展论. 南京:江苏科学技术出版社,2006

[9] 张勇强. 空间研究 2:城市空间发展自组织与城市规划. 南京:东南大学出版社,2006

[10] 比尔·希利尔. 空间是机器:建筑组构理论. 杨滔,译. 北京:中国建筑工业出版社,2008

[11] 刘捷. 城市形态的整合. 南京:东南大学出版社,2004

[12] 王鹏. 城市公共空间的系统化建设. 南京:东南大学出版社,2001

[13] 凯文·林奇. 城市意象. 方益萍,何晓军,译. 北京:华夏出版社,2001

[14] 柯林·罗,弗瑞德·科特. 拼贴城市. 童明,译. 北京:中国建筑工业出版社,2003

[15] [美]新都市主义协会. 新都市主义宪章. 杨北帆,译. 天津:天津科学技术出版社,2004

[16] 王颖. 城市社会学. 上海:上海三联书店,2005

[17] 杨贵庆. 城市社会心理学. 上海:同济大学出版社,2000

[18] 包亚明. 现代性与空间的生产. 上海:上海教育出版社,2003

[19] 齐康. 城市建筑. 南京:东南大学出版社,2001

[20] 齐康. 城市环境规划设计与方法. 北京:中国建筑工业出版社,1997

[21] 王景慧,阮仪三,王林. 历史文化名城保护理论与规划. 上海:同济大学出版社,1999

[22] 张松. 历史城市保护学导论:文化遗产与历史环境保护的一种整体性方法. 上海:上海科学技术出版社,2001

[23] 王志弘. 流动、空间与社会. 台北:田园城市文化事业有限公司,1998

[24] 戴维·理. 城市社会空间结构. 王兴中,译. 西安:西安地图出版社,1992

[25] 诺伯格·舒尔茨. 存在·空间·建筑. 尹培桐,译. 北京:中国建筑工业出版社,1990

[26] A. 拉普卜特. 住屋形式与文化. 张玫玫,译. 台北:境与象出版社,1988

[27] 史蒂文·蒂耶斯德尔. 城市历史街区的复兴. 张玫英,董卫,译. 北京:中国建筑工业出版社,2006

[28] 汉斯·罗易德,斯蒂芬·伯拉德. 开放空间设计. 罗娟,雷波,译. 北京:中国电力出版社,2007

[29] 罗杰·特兰西克. 寻找失落空间——城市设计的理论. 朱子瑜,译. 北京:中国建筑工业出版社,2009

[30] 段进,殷铭. 当代新城空间发展演化规律——案例跟踪研究与未来规划思考. 南京:东南大学出版社,2011

[31] 曹杰勇. 新城市主义理论——中国城市设计新视角. 南京:东南大学出版社,2011

[32] 杨治良. 记忆心理学. 上海:华东师范大学出版社,1994

[33] 陕西省文物局. 陕西文物年鉴. 西安:陕西人民出版社,2008

[34] 和红星. 古都西安 特色城市. 北京:中国建筑工业出版社,2006

[35] 西安市规划局,西安市城市设计研究院. 西安市第四次城市总体规划(2008—2020). 西安:西安市规划局,2009

[36] 西安曲江大明宫遗址保护区保护改造办公室. 大明宫国家遗址公园·规划篇. 北京:人民出版社,2009

[37] 简·雅各布斯. 美国大城市的死与生. 金衡山,译. 南京:译林出版社,2005

[38] 西安市地图集编纂委员会. 西安市地图集. 西安:西安地图出版社,1989

[39] 史念海. 西安历史地图集. 西安:西安地图出版社,1996

[40] 国家文物局. 中国文物地图集 陕西分册. 西安:西安地图出版社,2009

二、学位论文

[41] 袁铭.城市跨越空间的整合研究:[博士学位论文].上海:同济大学,2006

[42] 金俊.理想景观——城市景观空间的系统建构与整合研究:[博士学位论文].南京:东南大学,2002

[43] 冯维波.城市游憩空间分析与整合研究:[博士学位论文].重庆:重庆大学,2007

[44] 江俊浩.城市公园系统研究——以成都市为例:[博士学位论文].成都:西南交通大学,2008

[45] 江霞.城市理水——基于景观系统整体发展模式的水域空间整合与优化研究:[博士学位论文].天津:天津大学建筑学院,2006

[46] 黄健文.旧城改造中公共空间的整合与营造:[博士学位论文].广州:华南理工大学,2011

[47] 曲蕾.居住整合:北京旧城历史居住区保护与复兴的引导途径:[博士学位论文].北京:清华大学,2004

[48] 王健.城市居住区环境整体设计研究——规划·景观·建筑:[博士学位论文].北京:北京林业大学,2008

[49] 陈天.城市设计的整合性思维:[博士学位论文].天津:天津大学,2007

[50] 张伟.空间规划体系研究——以京津冀都市圈区域规划为例:[博士学位论文].北京:中国科学院地理科学与资源研究所,2006

[51] 叶君放.建筑空间结构的分析与评价:[博士学位论文].重庆:重庆大学,2007

[52] 黄佳颖.西安鼓楼回族聚居区结构形态变迁研究:[博士学位论文].广州:华南理工大学,2010

[53] 李将.城市历史遗产保护的文化变迁与价值冲突——审美现代性、工具理性与传统的张力:[博士学位论文].上海:同济大学,2006

[54] 于谦柏.以"空间句法"探讨的公共空间组织:[博士学位论文].天津:天津大学,2005

[55] 陈林.内城型国有大型工业企业基地与城市空间整合研究:[博士学位论文].武汉:华中科技大学,2006

[56] 陈晓华.乡村转型与城乡空间整合研究——基于"苏南模式"到"新苏南模式"过程的分析:[博士学位论文].南京:南京师范大学,2008

[57] 沈尧.基于空间组构的历史街区保护与更新影响因子与平衡关系研究——以天津五大道为例:[博士学位论文].天津:天津大学,2011

[58] 沈海虹."集体选择"视野下的城市遗产保护研究:[博士学位论文].上海:同济大学,2006

[59] 张凡.城市发展中的历史文化保护对策研究——保护、利用与发扬的城市设计原则和方法:[博士学位论文].上海:同济大学,2003

[60] 王宇丹.城市文化生态的保护——建筑遗产部分研究:[博士学位论

文].上海:同济大学,2008

[61] 梁航琳.大遗产保护——城市化进程中历史文化遗产保护研究:[博士学位论文].天津:天津大学,2007

[62] 邵甬.复兴之道——中国城市遗产保护与发展:[博士学位论文].上海:同济大学,2003

[63] 陈镌.城市生活形态的延续与完善:[博士学位论文].上海:同济大学,2003

[64] 朱蓉.城市记忆与城市形态——从心理学、社会学视角探讨城市历史文化的延续:[博士学位论文].南京:东南大学,2005

[65] 汤玉雯.基于历史文化资源整合的小城镇规划设计研究:[硕士学位论文].西安:西安建筑科技大学,2010

[66] 邓天.上海市浦东新区停车场空间环境与犯罪关系研究:[硕士学位论文].上海:同济大学,2008

[67] 李雪.城市开放空间的环境特征与城市犯罪的关系——以合肥市为例:[硕士学位论文].合肥:合肥工业大学,2011

[68] 藏鑫宇.基于空间句法理论的城市设计方法探寻:[硕士学位论文].天津:天津大学,2008

[69] 杨敏.基于地域文化视角的西安市城市空间结构演变研究:[硕士学位论文].长春:东北师范大学,2009

[70] 奚慧.城市空间多样性解读实验:[硕士学位论文].上海:同济大学,2004

[71] 王灵羽.城市特色街区的分类体系与开发模式研究:[硕士学位论文].天津:天津大学,2007

[72] 翟强.城市街区混合功能开发规划研究:[硕士学位论文].武汉:华中科技大学,2010

三、期刊、会议论文与研究报告

[73] 齐康.规划课(十七).现代城市研究,2010(5):32-35

[74] 杨滔.空间句法与理性的包容性规划.北京规划建设,2008(3):49-59

[75] 杨滔.说文解字:空间句法.北京规划建设,2008(1):75-81

[76] 杨滔.空间组构.北京规划建设.2008(2):101-108

[77] 杨滔.空间句法:从图论的角度看中微观城市形态.国外城市规划,2006(3):48:52

[78] 邵润青.空间句法轴线地图在方格路网城市应用中的空间单元分割方法改进.国际城市规划,2010(2):62-67

[79] 稹文彦,张在元,蒋敬诚.城市哲学.世界建筑.1988(4):59-61

[80] 成斌,阳建强.基于空间句法的城市空间结构优化——以无锡为例.建筑与文化,2012(9)

[81] 段汉明,张刚.西安城市地域空间结构发展框架与发展机制.地理研究,2002(5):627-634

［82］张绍樑.上海市与周边地区城市空间整合.城市规划学刊,2005(4)：
16-21

［83］吕舟.中国文化遗产保护三十年.建筑学报,2008(12)：1-5

［84］段进,薛松.城市化进程中历史遗存片断的可持续保护与利用——以
连云港凤凰古城保护开发为例.城市建筑,2006(12)：28-32

［85］张松.留下时代的印记 守护城市的灵魂——论城市遗产保护再生的
前沿问题.城市规划学刊,2005(3)：31-35

［86］中川武.亚洲的城市发展与文化遗产保护.建筑学报, 2008(10)：4-7

［87］王发曾.城市空间环境对城市犯罪的影响.人文地理,2001(2)：1-6

［88］马少春,刘刚,王发曾.城中村在城市犯罪中的空间盲区特质分析与
犯罪防控.云南警官学院学报,2009(6)：81-86

［89］蔡凯臻.通过城市设计干预城市公共空间犯罪防控——英国经验及
其启示.华中建筑,2008(11)：92-95

［90］杨鸿勋.全球视野下的中国建筑遗产保护(代序言)//第四届中国建
筑史学国际研讨会论文集.上海：上海同济大学,2007

外文文献

一、书籍

［1］Allen P M. Cities and Regions as Self-Organizing Systems：Models of
Complexity. Amsterdam：Gordon and Breach Science Publication,
1997

［2］Weidlich W, Haag G. An Integrated Model of Transport and Urban
Evolution：With an Application to a Metropole of an Emerging Na-
tion. New York：Springer Verlag,1999

［3］Bill Hillier, Julienne Hanson. The Social Logic of Space. London：
Cambridge University Press, 1984

［4］Anderson Stanford. On Streets. Cambridge, Massachusetts：MIT
Press,1978

［5］Barré Francois. The Design for Urbanity. London：Architectural De-
sign, 1980

［6］Carlhian, Jean Paul. Guides, Guideposts and Guidelines// Architec-
ture New and Old. New York：National Trust for Historic Preserva-
tion Publication,1980

［7］Gordon Cullen. Townscape. New York：Van Nostrand Reinhold
Co. ,1975

［8］Krier Leon. Urban Transformations. London：The Blind Spot；Lon-
don：Architectural Design, 1978.

［9］Newman Oscar. Defensible Space. New York：Collier Books,
Inc. ,1973

［10］Robert Sommer. Personal Space：The Behavioral Basis of Design.

Englewood Cliffs, New Jersey: Prentice-Hall, 1969

[11] Brent C Brolin. The Failure of Modern Architecture. New York: Van Nostrand Reinhold Company, 1976

[12] Harvard Architectural Review. Beyond the Modern Movement. Cambridge, Massachusetts: MIT Press, 1980.

[13] Huxtable, Ada Louise. The Troubled State of Modern Architecture. London: Architectural Design, 1981

[14] M R G Conzen. Alnwick, Northumberland: A Study in Town-Plan Analysis. London: Orge philip & son, LTD. 1960

[15] Philip Steadman. Architectural Morphology. London: Pion Ltd, 1983

二、学位论文：

[16] Saif-ul-Haq. Complex Architectural Settings: An Investigation of Spatial and Cognitive Variables Through Wayfinding Behavior. Requirement for the degree of Doctor of Philosophy in Architecture. Georgia Institute of Technology. US, 2001

[17] Douglas Wayne Gann. Spatial Integration: A Space Syntax Analysis of the Villages of the Homol'Ovi Cluster. Requirement for the degree of Doctor of Philosophy. The University of Arizona, 2003

[18] Thana Chirapiwat. Street Configurations and Commercial and Mixed-use Land use Patterns: A Morphological Study of the Northeastern Region of Bangkok the Evaluate recent Transportation and Land-Use Plans. Requirement for the degree of Doctor of Philosophy. University of Michigan. 2005

[19] YiXiang Long. The Relationships Between Objective and Subjective Evaluations of the Urban Environment: Space Syntax, Cognitive Maps, and Urban Legibility. Requirement for the degree Doctor of Philosophy. North Carolina State University, 2007

三、期刊、会议论文与研究报告

[20] Bill Hiller. Using Depthmap for Urban Analysis: a simple guide on what to do once you have an analyzable map in the system. UCL Msc Advanced Architectural Studies, 2010(11):1-4

[21] B. gauthiez. The History of Urban Morphology. Urban Morphology, 2004, 8(2):71-89

[22] M. L. Sturani. Urban Morphology in the Italian Tradition of Geographical Studies. Urban Morphology, 2003, 7(1):37

[23] Ph. DE Boe, C. Grasland... Spatial Integration. Study Programme

on European spatial planning,1999

[24] Newman O. Creating Defensible Space[M]. Washington: U. S. Department of Housing and Urban Development Office of Policy Development and Research,1996:9-30

[25] Yang Tao, Bill Hillier. The Impact of Spatial Parameters on Spatial Structuring. Proceedings of the Eighth International Space Syntax Symposium,2012:8019:1-8019:23

[26] Pelin Dursun. An Analytical Tool for Thinking and Talking about Space. Proceedings of the Eighth International Space Syntax Symposium,2012:8136:1-8136:16

[27] Paula Gomez Zamora, Mario Romero, Ellen YI-LU EN DO. Activity Shapes: Analysis Methods of Video-recorded Human Activity in a Co-visible Space. Proceedings of the Eighth International Space Syntax Symposium, 2012:8196:1-8196:20

[28] Farhrurrazi, Akkelies van NES. Space and Panic. The application of Space Syntax to Understand the Relationship between Mortality Rates and Spatial Configuration in Banda Aceh during the Tsunami 2004. Proceedings of the Eighth International Space Syntax Symposium, 2012:8004:1-8007:24

[29] Safoora Mokhtarzadeh, Mostafa Abbaszadegan, Omid Rismanzhian. Analysis of the Relation between Spatial Structure and the Sustainable Development Level. A case Study from Mashhas/Iran. Proceedings of the Eighth International Space Syntax Symposium, 2012: 8007:1-8007:17

[30] Dhanani, Vaughan A, Ellul L S, Griffiths C. From the Axial Line to The Walked Line: Evaluating the Utility of Commercial and User-generated Street Network Datasets in Space Syntax Analysis. Proceedings of the Eighth International Space Syntax Symposium, 2012: 8211:1-8211:32

[31] Christofer Edling. A Note on Social Networks and Physical Space. Proceedings of the Seventh International Space Syntax Symposium, 2009:101:1-101:6

[32] Kinda AI Sayed, Alasdair Turner, Sean Hanna. Cities as Emergent Models: The Morphological of Manhattan and Barcelona. Proceedings of the Seventh International Space Syntax Symposium, 2009: 001:1-001:11

[33] Valerio Cutini. Accessibility and Exclusion: The Configurational Approach to the Inclusive Design of Urban Space. Proceedings of the Seventh International Space Syntax Symposium, 2009:021:1-021:13

［34］Drew Dara-Abrams. Extraction Cognitively: Relevant Measures from Environment Models. Proceedings of the Seventh International Space Syntax Symposium, 2009:024:1-024:8

［35］Pelin Dursun. Architects are Talking about Space. Proceedings of the Seventh International Space Syntax Symposium, 2009:028:1-028:8

［36］Ahyun Kim, Young Ook Kim. Influences of Configuration Learning on Spatial Behavior: Focused on the Shortest Distance and Visibility. Proceedings of the Seventh International Space Syntax Symposium, 2009:031:1-031:13

［37］Mehmet Topçu, Ayse Sema Kubat. Morphological Comparison of Two Historical Anatolian Towns. Proceedings of the Sixth International Space Syntax Symposium, 2007:028:1-028:12

［38］Valério Augusto Soares de Medeiros, Frederico Rosa Borges de Holanda. Structure and Size: Brazilian Cities in an Urban Configurational World Scenario. Proceedings of the Sixth International Space Syntax Symposium, 2007:029:1-029:12

［39］Ana Paula Campos Gurgel. Distinct Scales of Centrality. A Comparative Study of The Cariri Metropolitan Region in Ceará, Brazil. Proceedings of the Eighth International Space Syntax Symposium, 2012:8134:1-8134:15

［40］Eudes Rrony Silva. From Sanhauá to New Centralities: Morphologic Changes in the urban development of João Pessoa, state of Paraíba, Brazil. Proceedings of the Eighth International Space Syntax Symposium, 2012:8158:1-8158:14

［41］Seon Young Min. The Impacts of Spatial Configuration and Merchandising on the Hopping Behavior in the Complex Commercial Facilities. Proceedings of the Eighth International Space Syntax Symposium, 2012:8066:1-8066:15

［42］Hillier B, Penn A, Hanson J, Grajewski T, Jxu. Natural movement: Configuration and Attraction in Urban Pedestrian movement. Environment and Planning B, 1993(20):29-66

［43］Jiang B, Claramunt C. Topological Analysis of Urban Street Network. Environment and Planning B,2004(31):151-162

［44］Thomson R C. Bending the Axial Line: Smoothly Continuous Road Centre-line Segments as a Basis for Network Analysis. Proceedings of the Fourth International Space Syntax Symposium, 2003:010:1-010:12

致　　谢

时光如此匆匆,从 2010 年入学至今,三年多的时间一晃而过,这篇拙作可算是自己的一点收获和对师长亲友们的一次学业汇报。在这几年的学习生活中,从论文选题到完成,我经历了多次的迷茫和挫折,幸而得到了许多人的关心和帮助,这让我十分感激,在感叹自己幸运的同时也感到了一种压力和鞭策。

衷心感谢我的导师齐康先生多年来对我在专业理论上的教诲和在实践中的培养。论文的完成离不开齐老师的悉心指导和督促。齐老师严肃认真的科学态度、实事求是的治学精神、精益求精的工作风格以及广博的学识和敏锐深刻的洞察力都让我敬佩万分、受益良多。齐老师的教导不仅仅给予了我在求学的这几年中莫大的帮助,更将使我终身受益。在此向齐老师表达我最为诚挚的感谢。

还要感谢东南大学的段进教授,是段老师最早将城市空间发展观和空间句法理论教授给我,并引导我走上更为科学的城市空间研究道路。可以说如果没有段老师的指点,就不会有我的这篇论文。还要感谢素未谋面的邵润青老师,在空间句法的理论和应用方面给我以无私的帮助,使我加深了对一些参量的理解,并向我介绍了大量有价值的参考文献。

感谢西安交通大学的许楗教授、李红艳教授和翟斌庆教授,他们不仅仅对我的论文结构提出了宝贵的意见,甚至帮助我审阅了论文中的一些关键章节,并提出了精辟的修改建议。从论文的第一次草稿到最终的成文,其间增删数次,而论文的每一次优化都离不开他们对我的指点。

这篇论文的完成依托于大量的社会调查和资料的收集,而这些繁琐细致的工作离不开与我一起辛苦劳作的同学们,他们既是我的学生更是我的朋友。其中已经远赴英伦、对空间句法进行深入学习的岳珂琳同学在数据和图表的核算上提供了莫大的帮助;而李靖竹同学帮助我进行了公式的推导和演算;此外,李靖竹、潘婧、王筱航、王熠、谢一轩、申晨、刘鑫、褚天舒、韩潇、肖菁羽、武秀峰等同学帮助我一起完成了论文浩大的调研工作,如果不是他们的积极参与,我个人完全不可能在这样短的时间内将其完成。为此,我要特别对这些无私的同学们说一声由衷的谢谢,是你们的努力和乐观支撑我一路前行,和你们在一起的每一次日晒雨淋都成为了我论文写作过程中最快乐的记忆。

此外还要感谢我的挚友及同窗李真、白雪、王宇和赵倩,她们也对我的论文提出了有价值的建议,并在写作过程中和我相互打气、相互鼓励,使我体会到友谊的宝贵和温暖。

深深感谢我的父母和我的丈夫窦勇,他们对我一如既往的理解、支持和关爱,使我能够心无旁骛地投入到研究工作中,既给了我一个宽松舒适的环境,也在我最艰难迷茫的时候,给我最坚实的依靠和鼓励,使我终于能够如期完成这篇论文。

论文的完成其实仅仅是一个开始,对于城市空间、对于空间句法还有太多的问题可以探索,博士期间的学习和论文的写作仅仅是我明确研究方向、研究路径和积累经验的一个过程,学业的结束恰恰是学术生涯的一个新起点。"路漫漫其修远兮",我将坚定地在这一领域继续无尽的求索。